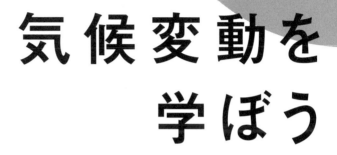

気候変動を学ぼう

変化の担い手になるために

【編】
クライメート・リアリティ・プロジェクト・ジャパン

【著】
平田仁子
一般社団法人Climate Integrate 代表理事

豊田陽介
特定非営利活動法人気候ネットワーク 上席研究員

ギャッチ・エバン
特定非営利活動法人気候ネットワーク プログラム・コーディネーター

三谷優衣子
クライメート・リアリティ・プロジェクト・ジャパン プログラム・マネージャー

合同出版

本書内のデータは2023年10月時点のものです。
下記ウェブサイトにて、データのアップデートを行います。
QRコードよりアクセスいただけます。
https://climaterealityjapan.org/educationalmaterial

まえがき

　みなさんにとって気候変動とはどのような問題ですか？

　身近な存在でしょうか。それとも、どこか遠い話でしょうか。

　気候変動は、年々深刻さを増しています。もはや「将来のいつか、遠いどこかで起きる問題」ではなく、すでにこの地球上、日本でも多くの被害がもたらされている「今を生きる私たちの問題」です。増加する異常気象のような直接的な被害のほかにも、それらに起因する物価高なども関係しています。私たちもその影響をすでに受けていますが、なかでも被害をより早く、深刻に受けるのは、さまざまな理由から弱い立場に置かれている人やコミュニティ、地域です。

　難しい問題に思えるかもしれませんが、気候変動の被害を最小限に抑えるために私たち一人ひとりができることはたくさんあります。

　本書は、気候変動問題が気になり始めた方、対策に取り組みたいと思っている方などが、気候変動について学び、行動につなげていくことを応援する本です。世界や日本の現状、気候変動対策や政策・仕組みを解説し、社会や経済の仕組みを転換していくことに意識が向けられるよう構成されています。そして、一人ひとりが実際にできることや、すでに動き出している人や取り組みを紹介しています。全体にわかりやすくコンパクトにまとめていますので、学校現場や、自治体や企業、グループや個人の学びの機会などのさまざまな場面で利用していただけることでしょう。

　本書をお読みいただければ、気候変動がとても深刻で緊急であることをあらためて知り、私たちが行動しなければ問題は解決しないことに気づくことができるはずです。その気づきを通じて、それぞれのいる場所から、さまざまな行動が広がっていくなら、これほど嬉しいことはありません。

　一緒に、行動しましょう。気候危機を回避するために。

　2023年秋

執筆者一同

第1章 気候変動と私たちの社会の関わり

気候変動とはどのような問題か？

　気候変動問題は遠い場所でいつか起こることではありません。今、目の前にある危機です。気候変動の影響はさまざまな形ですでに現れ、異常気象の勃発は今や日常的な光景になりつつあります。日本でも多くの被害のニュースが聞かれるようになりました。そして気候変動は、さまざまな形で私たちの社会に影響を及ぼします。

　気候変動の原因となっているのは私たちの人間活動であり、現在の社会・経済のあり方です。今を生きる私たちが原因者であり、かつ被害者でもあることを認識し、国内外に目を向け、気候変動問題と自分自身のつながりを理解することが問題解決の上で重要です。このまま気候変動が進んだら未来はどうなるのでしょうか？　本章では、気候変動とはどのような問題で、どのような影響をもたらすのかについて考えてみましょう。

☞ この章で学ぶこと

キーワード

気候変動、気候正義（クライメートジャスティス）、脆弱性、人権、貧困、
持続可能な開発目標（SDGs）

1 気候変動の影響を受ける私たちの社会

　私たちを取り巻く地球環境が変わりつつあることは、みなさんも感じていることでしょう。まず知っておかなければならないのは、気候変動は、人間活動が原因ですでに起こっているという現実です。気候変動の問題では、すでに起こり始めている影響を、今後、壊滅的な被害に至るまで悪化させないようにすることが重要な点です。そのために私たちがどう行動するのかが重要になります。

　また、気候変動は、環境問題の1つとしてみなされがちですが、私たちの社会、経済、健康、生活は、地球環境、地域環境とさまざまな形でつながっています。そのため気候変動が激しく進行すれば、安定した社会、経済、生活、そして多くの場合、私たち自身の健康、安全、安心が大きく脅かされます。すでに影響は顕在化しています。記録史上最も暑い7年はすべて2015年以降に起こっており、とくに高齢者や幼児、長時間屋外で仕事する人ほど熱中症や疲労のリスクが高まりやすい状況を作り出しています。

　また、アメリカやオーストラリア地域などでは、近年、暑さの増加による植生の乾燥が原因で、山火事の発生件数と深刻度が大幅に増加しています。大人数の人々が避難を余儀なくされ、さらに火災によって近隣の町や生活、地域経済にも被害が及んでいます。

　地球の気候の変化は、単に「暑くなる」というだけではありません。自然災害が深刻化かつ多発化し、世界中の地域、コミュニティ、人々の安全・安心が著しく脅かされる「異常気象」も頻繁に起こるようになっています。日本を含むさまざまな地域で、台風や暴風雨、それに伴う洪水の規模や頻度が著しく増加し、多くの人命が失われ、住宅や地域のインフラや産業に深刻な被害をもたらしています。これらは、気候変動が要因だと科学者に指摘されています。

　気候変動が進めば、これらの影響はますます大きくなります。海面上昇によって沿岸のコミュニティは被害を受け、農業や漁業関連ビジネスは作物や

収穫物の収量が大幅に減少し、植物や野生動物は気候の変化による生息地の変化や消滅に適応することを余儀なくされます。水不足や水汚染、食糧の不安定、病気の蔓延、地域経済の破壊、異常気象による住居喪失などの問題も発生します。気候変動は、私たちの生活や社会を大きく変貌させる問題なのです。

2 地球規模の問題だが、地域やコミュニティ、個人間で異なる影響

気候変動は通常、「地球規模」の問題として語られます。確かに、温室効果ガスの排出は地球全体の気候を変化させますが、その影響が地域に不均等に起こることは見落とせない重要な点です。実際には、さまざまな要因によって、ある地域、民族、コミュニティは他の地域よりも大きな影響を受けています。

気候変動の影響をほかより多く受ける弱い立場にある人と、その影響から早く効果的に回復できる立場にある人がいます。さまざまな要因によってその「脆弱性」にも違いが現れます。国家間の格差だけでなく、よりローカルな地域やコミュニティ間、また個人レベルでも脆弱性が生じます。

この章では、地理的、経済的、社会的な3つ脆弱性について説明しましょう。気候変動について考え、話し合うときや、その解決策を開発するときに、それぞれの領域における脆弱性の違いや不平等を理解し、対処することが重要です。

①地理的な脆弱性

気候変動の影響をより大きく受ける地域は、物理的に脆弱です。そのような地域では、気候変動による被害を抑え、回復させようとする試みは、より困難な闘いとなります。

気候変動の影響をいち早く受け、大きな打撃を受けることになる地域やコミュニティは「気候変動の最前線（フロントライン）」と呼ばれます。ツバル、バヌアツ、モルディブなどの島国や、日本の沖合にある小さな島々など

は、その小ささ、水辺に近いこと、海抜が低いこと、敏感な生態系などの要因から、気候変動の影響に対してとくに脆弱で、フロントラインの代表的な例です。海面上昇、台風の強度と頻度の増加、海洋酸性化、海岸浸食は、インフラに大きな被害を与え、人々を家から追いやり、海洋生態系を破壊し、危険にさらされたすべての人々の安全と安心を脅かします。

世界中の沿岸地域に住む人々も同様に、水辺に近ければ近いほど、より脆弱になります。気候変動が悪化すると、洪水、地滑り、危険な台風の最も激しい瞬間に直接さらされるなど、島や沿岸地域の人々は、他の地域の人々よりもはるかに多くの影響にさらされます。

小さな島々や沿岸地域は、気候変動に対してとくに脆弱な地域の一例にすぎません。気温が高く猛暑に見舞われる地域なども、気温が高くなるにつれ、不均衡に大きな影響を受けることになります。気候変動の影響が深刻化し続ければ、故郷を追われる"気候難民"の数は増え続け、地域は居住不能になり、国全体が消滅する可能性さえあります。

②経済的な脆弱性

人々や地域は、気候変動に対して、経済的にも脆弱です。地域の経済の多くは、その周辺環境（天候・地形・産業・資源・インフラなど）を背景に成り立っているため、地理的な脆弱性と多くの点で関連しています。先ほど例示した島や沿岸部の脆弱性は、経済にも及んでいます。

まず、物理的な被害とそれによるコミュニティへの影響は、中小企業や地元企業に最も大きな経済的打撃を与えます。これらの企業は、地元に拠点を置き、地元のインフラに依存し、物理的な被害やビジネスの損失から回復する能力や資源が少ない人々によって運営されています。小さな田舎町や沿岸地域の地元企業の経営者は、気候変動の影響が小さい地域にある大きな多国籍企業の従業員よりも脆弱です。そして、それぞれの地域社会全体の経済の健全性に影響を及ぼします。

また、地理的に脆弱な地域の多くは、何らかの形で自然資源に基づく経済に依存しています。沿岸部や小さな島々は漁業に、気温の高い内陸部の多く

は農業に、そしていずれもエコツーリズムを経済の主要な部分としています。世界的に見れば、このような経済構造をもつ国は、日本のようにサービス業や製造業を主な経済基盤とする国よりも、経済的にはるかに脆弱です。しかし、日本国内でも同様に、地域環境にあまり依存せず経済の多様性がある大都市に比べ、農家や漁師、地元のビジネスに依存する小さな町などのコミュニティの方が気候変動の影響を受けやすいことを意味しています。

さらに、経済的に脆弱であることは、気候変動による影響を抑え、「被害から回復する地域の能力」（レジリエンス）にも影響します。日本のような先進国は、気候変動による経済の変化に適応するための資金や資源をより多くもっています。それに比べて、経済の多様性が低く、インフラが未発達な途上国は、気候災害の影響で経済が低迷した後に、ビジネスを円滑に機能させたり、影響に適応するための資金や資源がありません。これは日本国内でも同様です。日本の大都市は、気候変動による経済変化に対応する能力やインフラが低い地方の小さな町よりも、より回復力のある経済を発展させる資金や資源をもっています。

③社会的な脆弱性

ある特定の集団の人々は、気候変動の影響を不当に受け、社会的に脆弱な立場に置かれています。多くの場合、これらに当たる人々は、すでにある程度の社会的不平等を経験しています。社会的な脆弱性を理解する上で重要なのは、既存の社会的不平等によって、ある集団が気候変動の被害を受けやすいだけでなく、気候危機の悪化がこれらの不平等を強化・拡大するという事実です。

気候変動に対してとくに脆弱な集団として、貧困層が挙げられます。低所得者や貧困に苦しむ人々は、すでにさまざまな形で社会的不平等に直面しています。例えば、所得が低ければ貯蓄も少なく、より質の高い教育を受ける余裕も貧困層から脱却する機会も見つけることが難しくなります。さらに、経済的な安定が得られないため、よりよい仕事のために教育を続けたり、新しいスキルを訓練したりする機会が制限されます。また、多くの人は健康で

ない状況で働かざるを得ず、仕事を休んで医療費を支払うことで長期にわたる負債を抱えてしまうこともあります。

　貧困層の人々は、安全で質の高い住宅の確保が難しい場合が多く、環境変化の影響を受けやすい地域に住んでいるため、台風、洪水、猛暑などの気候災害による被害を受けやすい状況に置かれています。安全でない環境で暮らす人々は、より激しい気候関連の被害に直面する一方で、その被害から回復するために健康で経済的に安定した状態を保つ能力や資源が乏しく、さらに貧困に追い込まれ、不平等が加速することになります。ホームレスの人々は、身を守る「家」という安心材料をもたずに気候災害に直接さらされるため、なおさら脆弱です。

　その他の社会集団やコミュニティでも、影響が悪化することによって既存の不平等が拡大することが予想されます。子どもや高齢者、障害者など、健康状態に敏感で移動能力が低い人々は、猛暑や洪水、台風などの気候変動の影響や、汚染された水から広がる病気、媒介する病気の増加に対してより脆弱です。世界中で、人種的・民族的マイノリティは、法的・市民的権利の低さや、社会の不寛容な態度によって、生活のさまざまな面で差別に直面しています。彼らの社会的機会（仕事や住む場所を含む）が制限され、法的権利や政府からの保護が制限されることは、気候変動に対する回復力に大きく影響します。とくに、何世紀にもわたる植民地支配と制度的抑圧を経験してきた先住民のコミュニティは、伝統的な生活、知識、文化を活かしながら、繁栄のために絶え間ない闘いを続けています。また、世界中のLGBTQ+の人々は、日常生活において、他の多くの人が経験しないような困難に常に直面しています。

　これらのコミュニティは、平等な市民権や保護の欠如、経済機会の減少、ホームレス率の上昇に直面し、多くは不寛容な態度や社会的な偏見によって、さまざまな危険や不安を感じながら生活することを余儀なくされています。女性も、社会的・経済的・文化的な要因によって、気候変動に対してより脆弱です。女性は貧困や経済的不平等の割合が高く、家庭や地域コミュニティの世話をする責任を負っていることが多いため、気候変動による緊急事態においてより高い負担を強いられることになります。社会から疎外された

人々やコミュニティは、気候変動の影響にさらされる地域に住む可能性が高く、回復や移転に役立つ資源を利用しにくいのです。

3 私たちの文化、歴史、アイデンティティが脅かされる

みなさんは人権について考えるとき、最初に何を思い浮かべますか。適切な食料、水、住居を得る権利などでしょうか。それとも、公正な裁判を受ける権利や、奴隷として服従させられない権利など、法的な権利を思い浮かべるでしょうか。国際連合は、気候変動がすべての人権の享受に対して直接的、間接的に負の影響を与えることを認識し、清潔で健康的で持続可能な環境が人権であることも認めています。

さらに、人権にはもう1つ重要な要素があります。それは、自分の文化、財産、アイデンティティを自由に維持する権利です。国連の世界人権宣言では、すべての人に「自己の尊厳と自己の人格の自由な発展に欠くことのできない経済的、社会的及び文化的権利」を認めています。さらに、国連の経済的、社会的及び文化的権利に関する国際規約は、自国の文化の「保存、発展及び普及」の権利を認めています。

私たちの文化とアイデンティティは本質的に結びついており、文化的背景や財産は、個人のアイデンティティがどのように形成され、私たちが自分自身をどのように見ているかに重要な役割を担っています。人間は、どこで育ち、どのような文化的背景で育ったかにかかわらず、いくつかの価値観を共有していますが、個人的・集団的価値観の多くは、育った場所の社会的背景からきています。自分の国、地域、町、近隣、そしてそれぞれの歴史、地理、経済、産業、農業、食べ物、社会的なエチケットが、個人のアイデンティティや価値観、性格を形成する上で大きな役割を果たすことは間違いないでしょう。

気候変動は、財産と文化を保護し、享受する権利にも深刻な影響を及ぼします。日本文化を象徴する桜や紅葉のように、みなさんの地域で特別なことについて、気候変動の影響を考えてみてください。山、湖、川、里山などの自然、地元で有名な果物や野菜、漁業や地元の魚介類、お寺や神社、お城などの

歴史的建造物などに対し、気候変動はどのような影響を与えるでしょう？

　もしこれらのものが壊れたり、なくなったりしたら、文化やアイデンティティにどんな影響があるでしょうか？　もし、みなさんが自国を自分のアイデンティティの一部と考えているならば、自分の国がなくなったら、それはどのように変わるのでしょうか？

　これは一見、大袈裟な問いのようですが、気候変動によって居住できなくなる可能性のある島嶼国では、まさに議論が活発化しています。ツバルとフィジーの市民は、海面上昇とそれに伴う生命と生活への影響を理由に、ニュージーランドに難民申請を行い、ニュージーランド政府は、特別ビザの発給を検討しましたが、結局、島嶼国の人々が自国の文化や財産を保存する基本的人権を重視したため、ビザ発給計画は中止されました。世界人権宣言には、「すべて人は、国籍をもつ権利を有する。何人も、ほしいままにその国籍を奪われ、又はその国籍を変更する権利を否認されることはない」と明記されていますが、彼らは、「ツバル人は、ツバル人であり続けたい」と言います。気候変動を止めることこそが、何より重要な対策だということを表しています。

4　気候変動対策には、脆弱性に配慮したアプローチが必要

　ここまで、地理的、経済的、社会的に脆弱な場合、人々はより大きな気候変動の影響を受けてしまうことを説明してきました。気候変動問題を理解する上では、これらの脆弱性を十分に踏まえ、解決策を開発・実施する際には、脆弱性の違いをすべてのステップで考慮する必要があります。

　そのためには、誰が率先して取り組みを行うべきかを決めることから始まります。気候変動を防ぐ上で重要なアプローチの1つは、資源と能力をもつ国、コミュニティ、個人が率先して行動し、そうでない人々を支援することです。歴史的に見ると、先進国には大量の温室効果ガスを排出する開発事業から利益を得てきましたが、途上国はその結果として気候変動の危機に最も脆弱な立場に置かれてきました。先進国はこれまでの発展と経済力を活かし、自国の脱炭素化を加速させることに加え、途上国が持続可能で豊かな脱炭素

社会へ移行できるよう支援するという重要な役割があります。

　各国が自国の開発の方向性を自由に決定できるようにすることを重視しつつ、知識・技術支援、開発・気候変動対策への支援、気候変動による損失・被害を迅速かつ効果的に回復するための資金提供などを行うことも重要です。

　国、地方、地域レベルでは、弱者の保護を優先させる必要があります。その第一歩は、こうした脆弱性の根本的な原因である社会的・経済的不平等を認識することです。脱炭素社会への移行では、現代社会の多くの側面を検証し、見直す必要があります。気候変動対策と不平等解消を同時に実現するために改善できる分野は、エネルギー、食料生産と消費、輸送、土地利用、産業など幅広く存在します。

　脱炭素社会への移行において、その解決策によって弱者が被害を受けないようにすることが重要です。労働者が働きがいのある仕事と安定した収入を確保でき、持続可能な経済へ移行していくことを促進し、地域社会がレジリエンスを強化できるよう、社会システム全体で解決に取り組むことが重要です。労働者が脱炭素化に向けて仕事を移行していく取り組みは、「公正な移行」と呼ばれます。脱炭素の地域経済への転換を「公正な移行」とともに効果的に達成するためには、すべてのステークホルダー（影響される人々）が参加し、脆弱で不利な立場にある人々やコミュニティの生活を改善し、すべての人にとってより豊かな社会を実現する機会を作り出すことが重要です。

5　新しい社会と経済を私たちの手で作り直す

　気候変動対策とは、さまざまな脆弱性を踏まえながら、今日の社会に存在する人権問題を解決し、誰も取り残されないより公正な社会と経済を作っていくSDGsの取り組みそのものです。今日の社会は、途上国から資源や労働力を搾取し、一部の先進国と富裕層が不均衡に経済成長の恩恵を受ける不公正・不平等な社会ですが、それが気候変動を引き起こしている原因でもあるのです。私たちは、これまでの資本主義経済のあり方自体を問い直す必要性にも迫られています。

この解決において重要なのは、脆弱な立場に置かれ、また追いやられる当事者の声を聴き、反映すること、そして、当事者の人々にとって最適な形で持続可能な社会づくりが主体的に行われることです。それを可能にする仕組みと、人々のエンパワーメント（人々が社会的な力を得ること、あるいはそれを支援すること）が今求められています。「気候正義（クライメートジャスティス）」とは、気候変動の影響と気候変動対策の悪影響・利益が不当に配分されないように確保することですが、同時に、すべてのステークホルダーが関連プロセスや制度に有意義に参加でき、これらのプロセス・制度を通じてすべての人々とその権利が尊重されるように確保することでもあります。

気候変動とSDGs

　持続可能な開発目標（Sustainable Development Goals、SDGs）とは、2015年に国連で採択された17の世界目標であり、地球環境を守りつつ、「誰一人取り残さない」社会を実現するための普遍的行動要請として採択されました。このうち気候変動に関する目標は「目標13　気候変動に具体的な行動を」ですが、気候変動問題は、他の目標ともさまざまな形でつながっています。国連は、「17のSDGsは統合されている。ある分野での行動が他の分野の成果に影響を与えること、そして開発は社会、経済、環境の持続可能性のバランスをとる必要がある」と明言しています。気候変動への対応を成功させるためには、17の目標すべてを考慮する必要があり、すべての目標を達成するためには、気候変動に対応する必要があります。

　SDGsの17の目標は、いかに世界中の人々の健康、安全、繁栄と私たちの行動が関連しあっているかを明らかにしています。次ページの表①は、気候変動対策が、SDGsの17の目標すべてを達成する上で重要な要素であることを示しています。

表①　SDGsと気候変動：SDGsの達成には気候変動を食い止める必要がある

SDGs の目標		気候変動との関係
1 貧困をなくそう	貧困をなくそう	台風や山火事、干ばつや洪水など気候変動による異常気象は、人々の家や暮らしに被害をもたらし、多くの人々を貧困に追い込んでいます。
2 飢餓をゼロに	飢餓をゼロに	気候変動は、農業（砂漠化）や海洋（酸性化）に深刻な影響を与え、世界中の国や地域で栄養失調や食料安全保障がより深刻な課題となっています。
3 すべての人に健康と福祉を	すべての人に健康と福祉を	気候危機は、熱中症リスクの増加、異常気象による危険、感染症の蔓延など、さまざまな健康被害をもたらします。
4 質の高い教育をみんなに	質の高い教育をみんなに	気候変動の影響を大きく受ける地域やコミュニティでは、子どもたちが勉強を優先できる安定した環境など、子どもたちの教育を効果的に行うためのインフラや資源、日常生活などを安定的に提供することが大きな課題になります。
5 ジェンダー平等を実現しよう	ジェンダー平等を実現しよう	女性は、社会的、経済的、文化的なさまざまな要因により、気候変動の影響を不当に受けており、気候緊急事態においてより高い負担を強いられています。
6 安全な水とトイレを世界中に	安全な水とトイレを世界中に	気候変動がもたらす豪雨や洪水によるインフラの被害は、水の汚染や感染症の蔓延のリスクを著しく高めます。
7 エネルギーをみんなにそしてクリーンに	エネルギーをみんなにそしてクリーンに	気候変動は、エネルギー源として化石燃料を燃やすことによって排出される温室効果ガスによって引き起こされます。再生可能なエネルギーへの移行は、気候危機の悪化を防ぐために世界が取るべき最も重要なステップです。
8 働きがいも経済成長も	働きがいも経済成長も	気候変動の影響は、人々の生活に取り返しのつかない悪影響を及ぼし、とくに中小企業や外で働く労働者に深刻なリスクをもたらします。再生可能エネルギーへの移行には、地域経済を多様化・向上させ、すべての人に質の高い仕事を提供するためのアプローチが必要です。
9 産業と技術革新の基盤をつくろう	産業と技術革新の基盤をつくろう	気候変動がより強くなるにつれ、レジリエントな（困難な環境への適応力に優れた）インフラを構築することがより大きな課題となります。さらに、産業やインフラは、地球温暖化に寄与しないものでなければ持続可能とは言えません。

SDGs の目標	気候変動との関係
10 人や国の不平等をなくそう / 人や国の不平等をなくそう	気候危機の影響は、すべての国、地域、コミュニティ、人々に等しく降りかかるわけではありません。気候変動は、不平等を一層加速させます。
11 住み続けられるまちづくりを / 住み続けられるまちづくりを	気候変動の影響は、都市のインフラやコミュニティを破壊し、安全な生活、居住を脅かします。
12 つくる責任つかう責任 / つくる責任つかう責任	温室効果ガスを大気中に放出する経済活動は持続可能ではありません。持続可能な生産と消費には、気候変動に寄与しないシステムと社会の転換が必要です。
13 気候変動に具体的な対策を / 気候変動に具体的な対策を	————————————
14 海の豊かさを守ろう / 海の豊かさを守ろう	気候変動は、海洋酸性化、海面上昇、海洋温暖化、水生生物の生息地や生態系の破壊など、水生生物に大きな脅威を与えています。
15 陸の豊かさも守ろう / 陸の豊かさも守ろう	陸域生態系は、気象パターンの変化、台風や山火事などの気候災害による被害、砂漠化、感染症の拡大など、気候変動により大きな影響を受けます。
16 平和と公正をすべての人に / 平和と公正をすべての人に	気候変動が脆弱で不利な立場にある地域、国、コミュニティ、人々に不釣り合いな影響を与える場合、平和と公正は達成できません。
17 パートナーシップで目標を達成しよう / パートナーシップで目標を達成しよう	気候変動の影響に耐え、持続可能な社会へ移行するための財政、資源、能力が他国より劣る国がある世界では、持続可能な開発のためのパートナーシップは効果的であるとは言えません。先進国は、脆弱な国々の脱炭素社会への持続可能な道筋を策定し、それを実現するための支援を行うことが必要です。

第2章 深刻化する気候変動に対する私たちの責任

人類が引き起こした問題だから、人類に解決の責任がある

　世界、日本の各所で異常気象や気象災害が起こっています。気候変動が深刻なスピードで進み、地球環境は今とても危険な状況に変化しつつあります。

　こうした気候の異変は、単なる自然現象ではなく、私たち人類が大量に温室効果ガスを排出し続けてきたことによって引き起こされている問題です。温室効果ガスの排出に伴って、地球温暖化が進んでいますが、地球の平均気温が産業革命前の水準と比べて1.5℃を超えて上昇していくと、私たちを取り巻く社会はとてつもなく厳しいものになることがわかっています。世界の国々は今、温暖化を1.5℃にとどめるために対策を進めていますが、その取り組みはまだまったく不十分です。危機を回避するためには、日本をはじめ世界の国々が力を合わせ、現在よりもずっと大胆に対策をとっていく必要があります。

　この問題は、私たち人類が引き起こした問題です。だからこそ、私たちの手で解決する責任があります。本章では、気候変動の現状を踏まえ、世界・日本の取り組みについて学びましょう。

☞ この章で学ぶこと

キーワード

温室効果ガス、気候変動に関する政府間パネル（IPCC）、パリ協定、削減目標、1.5℃、カーボンバジェット、共通だが差異ある責任

1 深刻化する気候変動

①温室効果ガスの排出増加に伴い、地球の気温が上昇

　産業革命以降、人類が排出してきた温室効果ガス（P.26コラム参照）が原因で、気候変動が進み、それによってさまざまな影響や被害が拡大しています。今日では、気候変動について、世界各国の研究者らによる長年の研究によって、かなり正確に実態や将来の予測が把握されています。2021年にノーベル物理学賞を受賞した眞鍋 淑 郎さんは、1960年代にコンピューターを使って気候変動の将来予測方法を開発した、気候予測の分野のパイオニアです。

　気候変動に関して最も信頼できる情報は、世界の科学者と政府が結集する「気候変動に関する政府間パネル（IPCC = Intergovernmental Panel on Climate Change）」が数年に一度発表する科学レポートです。2021〜2022年に発表されたIPCC第6次評価報告書によると、18世紀に始まった産業革命以降、人類が化石燃料を大量消費するようになったことが原因で、二酸化炭素（CO_2）などの温室効果ガスの排出が増え続けてきました。それによって、地球の平均気温は1850〜1900年の気温に対して2011〜2020年の間に1.1℃上昇しました。「気候」とは、日々気温が上下する「気象」とは異なり、長い時間で捉えられるものです。地球の平均気温は長い間安定してきましたので、わずか150年余りで1.1℃も上昇してしまったことは、過去2000年で前例がない激変です（図①）。今起こっている温暖化は、自然の要因だけでは説明することができず、人間の活動が原因であることは疑いないのです。

　温暖化を止めるには、原因である温室効果ガスの排出を減らさなければなりません。1850年頃から増え続けてきた世界のCO_2排出量は、コロナ禍の影響を受け2019〜2020年にかけて一度減少しましたが、その後、行動制限が解除され景気が回復するとともに、CO_2排出量は再び増加傾向に転じています。世界の温室効果ガスの排出削減は、まだまったく軌道に乗っていません。

　そのため、これから私たちがどのような社会を築いていこうとも、地球温暖化が進んでしまうことは避けられそうもありません。ただし、どれだけ温

図①　世界平均気温の変化（10年平均）

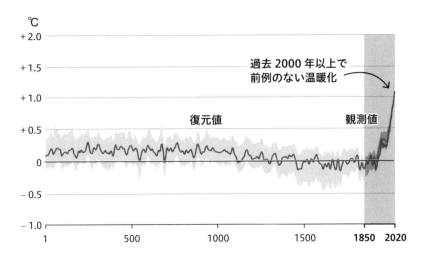

出典：IPCC第6次評価報告書を元に作成

図②　温暖化の5つのシナリオ（1850年〜1900年を基準とした気温の変化）

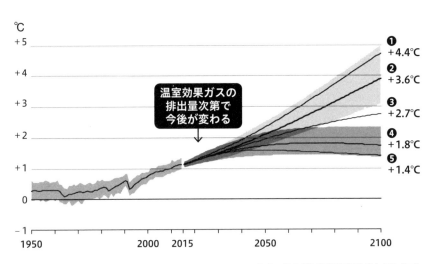

出典：IPCC第6次評価報告書を元に作成

暖化が進んでしまうのかは、私たちがこれから温室効果ガスの排出をどれだけ抑制できるのかによって大きく変わってきます。つまり、私たちの行動は、これからの温暖化の進み具合を変え、その結果として、気候変動によって起こる豪雨や熱波などの影響を小さくすることができるのです。これは、地震などの人間がコントロールできない自然の営みとは異なる点です。

②影響は、温暖化が進むほどに激しく破滅的になる

　気候変動の影響はすでに世界のさまざまな場所で起こっており、極端な異常気象などが発生しています。2021年には、パキスタンで大洪水があり、国土の3分の1が浸水し、1500人以上の人が犠牲になりました。2023年にはリビア東部で大洪水が発生しました。1日で年間降水量を上回る雨が降り、乾いた川に流れ込み、そのうえ複数のダムが決壊したため、河口にある都市部を中心に死者数6000人、行方不明者数千人（BBC、2023年9月15日付け）と言われるほどの甚大な被害が出ました。大気中の水蒸気が増えることで、豪雨だけでなく、山間地などでは豪雪が増えることもあります。また、氷で包まれる国、グリーンランドの夏の気温が非常に高くなり、科学者の予測をはるかに超えるスピードで氷の融解が進んでいます。シベリアの北極圏で38℃を記録するなどの記録的な最高気温が、世界中で報告されています。アフリカでは干ばつが深刻で貧困や飢餓の状況を悪化させています。アメリカ南西部やカナダ、オーストラリアでは乾燥と熱波が原因で森林火災が広範囲に広がっています。

　このように、私たちはすでに、さまざまな被害を目の当たりにしていますが、今後さらに気温が上昇すれば、極端な高温や洪水、干ばつなどがより激しく頻繁になり、私たちの暮らしや仕事、経済に途方もない困難をもたらすことになります。気候変動が危険な水準に突入してしまわないようにするためには、これからの地球の気温の上昇を抑制する必要があります。

③温室効果ガス排出の大幅な削減が急務
──「カーボンバジェット」の制限内に排出を抑えるために

IPCCは、将来の気温上昇について5つのシナリオを描いています。いずれのシナリオでも、すでに排出してしまった温室効果ガスの影響などによって、現在よりも温暖化が進むと予測しています。気温上昇を1.5℃に抑制することができるのは、P.22図②の❺のシナリオです。残りの4つは、さらに気温上昇が進んでしまうシナリオです。

気温上昇幅が大きければ大きいほど影響は大きく深刻になります。1.5℃に気温上昇を抑制する場合と2℃に抑制する場合のたった0.5℃の差でも、熱波や干ばつなどの異常気象の頻度や、生態系絶滅のスピードなどが2、3倍、あるいはそれ以上に高まると予測されています。サンゴ礁については、2℃上昇すればほぼ絶滅し、海の生態系を大きく変容させてしまいます。そのため、世界の国々では1.5℃に気温上昇をとどめる必要があるという認識が共有されています。

しかし国連環境計画（UNEP）は、各国が現在掲げている目標を達成しても気温は2.5℃上昇するという予測をしています。1.5℃の上昇に抑えることは不可能ではありませんが、対策を強化しなければかなり困難になりつつあります。

気温は、産業革命以降に排出してきた累積のCO_2排出量に応じて上昇していきますので、排出をすればするほど温暖化が進みます。言いかえれば、気温上昇を一定水準に止めるために、CO_2排出量を一定の水準にとどめなければなりません。一定の気温に抑制するために排出できる残された量をカーボンバジェット（炭素予算）と呼びます。IPCCは、1.5℃に気温上昇を抑制する場合のカーボンバジェットは、2019年時点で3000億〜4000億トン（87%〜67%の確率）と算出しています。この現状をバケツに例えるなら、過去の排出でもう9割以上のところまで水が溜まっていて、蛇口を急いで絞らなければ、10年以内に満杯になり、水があふれそうなところにまできています。あふれれば気温は1.5℃以上に上がってしまうのです。カーボンバジェットの制限内に排出量を抑え、1.5℃の上昇にとどめるためには、温暖化の原因とな

るCO$_2$などの温室効果ガスの排出を大胆に削減する必要があり、世界全体で、CO$_2$排出量を2030年に48％削減、2035年に65％削減、さらに2050年には実質的に排出をゼロにすること（ネットゼロ、またはカーボンニュートラル＝排出量と吸収・除去量を均衡させること）が求められます。2030年までに排出を約半分にしなくてはなりませんから、2050年までのんびりする時間はなく、2030年までの早い段階で大きな変革を実現できるかが勝負になります。

2050年にCO$_2$の排出を実質的にゼロにするということは、すなわち、石炭や石油、ガスなどの化石燃料を大量に利用している現在の社会や経済のあり方を根底から見直し、脱化石燃料へ思い切って転換することを意味しています。

IPCCは、今、大幅な排出削減のために世界の国々が行動をすれば、気温の上昇を1.5℃に抑制する道があることを示しています。この転換は、決して簡単ではありませんが、不可能ではありません。私たちは人類史においても責任の大きい、とても大きな時代の転換点に生きていると言えるでしょう。

温室効果ガスの種類

　温室効果ガスは、太陽の熱で温められた地表から放射された赤外線の一部を吸収して温室効果をもたらす気体です。現在の気候変動は、人間活動によって温室効果ガスの排出が急激に増え、大気中の温室効果ガスの濃度が高まっていることが原因です。

　温室効果ガスには、二酸化炭素（CO_2）や水蒸気などがあり、国際協定である「パリ協定」（P.31参照）では、人為的な温室効果ガスとして以下の7種を削減の対象としています。国連は、各国政府に対して、この7種の温室効果ガスの排出量を毎年把握し、報告するよう求めています。メタンはCO_2の約30倍、一酸化二窒素は約270倍、その他のガスは種類によって150倍から多いものでは2万4000倍もの強力な温室効果があるため、少量でも温暖化を大きく進めてしまう恐れがあります。どこからどのガスが排出されるかはそれぞれの国の自然環境や資源利用、産業構造などによって異なりますが、世界では約7割、日本では約9割の排出がCO_2となっています。そのため、中心的に取り組まれている対策もCO_2削減に関するものが多くなっています。

- **二酸化炭素（CO_2）**：化石燃料の燃焼などから排出
- **一酸化二窒素（N_2O）**：農業や燃料の燃焼などから排出
- **メタン（CH_4）**：埋立地、水田、家畜などのゲップなどから排出
- **ハイドロフルオロカーボン類（HFCs）**：冷蔵庫やエアコンなどの冷媒などに使用
- **パーフルオロカーボン類（PFCs）**：半導体・液晶製造などに使用
- **六ふっ化硫黄（SF_6）**：電子機器の絶縁剤などに使用
- **三ふっ化窒素（NF_3）**：半導体・液晶製造などに使用

2 「気温上昇を1.5℃にとどめる」ために

①世界の削減はどう進めたらいいのか

　気候変動問題は、産業革命が始まったイギリス、そしてアメリカや日本などの先進国が、化石燃料を大量に燃焼してCO_2排出を増やしてきたことが主な原因です。しかし過去数十年は、中国やインドなどの新興国の排出量が急増し、世界の排出増加の主な要因となっています。

　世界の国々は、1992年に国際連合（国連）の下で気候変動枠組条約（以下、条約という）が採択されてから、30年以上の間、国際的な気候変動対策について交渉し、合意を図ってきました。条約では、「共通だが差異ある責任」という原則に基づいて、これまでにCO_2を大量に排出してきた責任がある先進

図③　世界のCO_2排出量に占める主要国の排出割合と一人あたりの排出量（2020年）

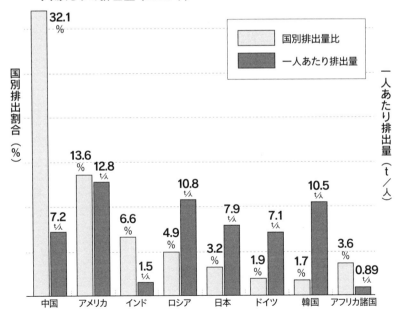

出典：全国地球温暖化防止活動推進センターを元に作成

国が率先して行動すべきことや、先進国が途上国を支援する義務などを課しています。これは、歴史的な排出責任に起因する考え方です。この考え方に基づき、1997年には先進国に対して温室効果ガスの削減義務を課した京都議定書が採択されました。

　しかし今求められているのは、2050年に世界全体で排出量を実質ゼロにすることですから、途上国の持続可能な発展を進めながら、先進国も途上国も一緒に行動していく必要性があります。第1章で見た通り、責任も影響の受け方も国や地域、個人によって差がありますから、世界の国々や途上国の脆弱な国々の人々との公平性を十分に確保しながら取り組みを進めていくことが重要になります。

●世界の目標は「気温上昇を1.5℃にとどめること」── 2030年までが重要

　2015年に国連気候変動枠組条約第21回締約国会議（COP21）で採択された「パリ協定」は、気候変動対策に取り組む国際協定です（P.31参照）。気温上昇を2℃未満に抑制し、1.5℃への抑制に向けて努力することを目標に、今世紀後半に温室効果ガス排出を実質的にゼロ（カーボンニュートラル）にすることにも合意しました。世界が目指すべき方向性を共有した画期的な協定です。

　しかしその後、2℃の気温上昇は、社会や経済、生態系への影響などの観点から極めて危険な水準であることがIPCCの知見によって明らかになり、より安全なシナリオである1.5℃の気温上昇にとどめる目標が共有されています。その分、対策を前倒しして、パリ協定に掲げられている「今世紀後半」ではなく、「2050年まで」に温室効果ガス排出を実質的にゼロにすることが目指されています。

　現状では、1.5℃を実現するために必要な水準には、まだまったく足りません。わかっていながら行動しない、目を背ける、そのような状態を続けていれば、近いうちに1.5℃の気温上昇に抑える選択肢は完全に失われてしまいます。そして、より厳しい破滅的な世界を招いてしまうことになってしまう

図④　CO₂排出シナリオと気温上昇

年間排出量
単位：トン

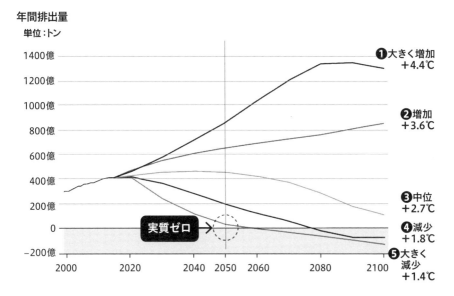

❶大きく増加
+4.4℃

❷増加
+3.6℃

❸中位
+2.7℃

❹減少
+1.8℃

❺大きく
減少
+1.4℃

実質ゼロ

出典：IPCC第6次評価報告書を元に作成

でしょう。アントニオ・グテーレス国連事務総長は、今の状況に危機感を募らせ、「気候地獄に向かう高速道路でアクセルを踏み続けている」と厳しい言葉を発しています。そして、2030年まで毎年のように対策や目標を見直し強化していくことが必要だと訴えています。まさに今、緊急事態にあり、人類が1.5℃の目標に立ち向かい大胆な行動に乗り出すことが求められているのです。

②日本の取り組み

　世界の気候変動の取り組みの中で、日本の役割は小さくありません。日本のCO₂排出量は、中国やアメリカなどの大国と比べると少ないですが、190カ国以上ある国々の中で５番目に多く、気候変動に対する責任が大きい国の１つです（図③）。

　日本の温室効果ガス排出は、気候変動対策をとり始めた1990年以降も増

え続けてしまい、2011年福島第一原子力発電所の事故の後にも増加傾向になりましたが、2013年以降は徐々に減少しています（P.50図①参照）。

　政府は現在、2030年に46％削減、さらに50％削減の高みに向けて努力する目標を立て、2050年には排出実質ゼロ（カーボンニュートラル）にすることを目指しています（図④）。この目標は大胆なものに思えるかもしれませんが、グローバル課題を解決する上で日本に期待される役割に照らすと、まだ不十分であり、日本は2030年に62％以上の削減が必要だという分析もあります。ですから、私たちは今の目標に満足することなく、より高い目標に向かって削減を進めていく必要があります。そのためには、エネルギー供給や製品・商品の製造、輸送、インフラなどの国の経済や産業のあり方そのものの構造から変革を進めていく必要があります（詳しくは第5章参照）。

　その取り組みは、産業革命以降の人間社会を大きく転換させようとすることですから、決して簡単ではありません。しかし、私たちの未来が深刻な危機にさらされていることから目を背けるわけにはいきません。私たちには、今行動すれば、気候の危機を回避することができる選択肢が残されています。できるかできないかの議論を超えて、どうやったら壁を乗り越え、転換を実現していくことができるかを模索することが重要です。問題に向き合い、自分にできることを考えてみましょう。

ノーベル平和賞を受賞した「気候変動に関する政府間パネル (IPCC)」

1988年、世界気象機関 (WMO) 国連環境計画 (UNEP) が、地球温暖化防止政策に必要な科学的根拠となる気候変動に関する自然科学的および社会科学的な最新の科学的知見を、発表された研究結果をもとに評価して報告する機関としてIPCC(Intergovernmental Panel on Climate Change) を設立しました。2007年には人為的な気候変動に関する知見をまとめそれを世界に知らしめた功績と気候変動への対策に必要な取り組みの基盤を築いたことに対して、ノーベル平和賞を受賞しています。IPCCは3つの作業部会に分かれており、第1作業部会は気候システムや気候変動に関する科学的根拠、第2作業部会は自然生態系、社会経済などに及ぶ気候変動の影響・適応・脆弱性、第3作業部会は気候変動の緩和策について、それぞれの報告書を作成し、この3つをまとめた統合報告書とあわせて4つの報告書を発行しています。

パリ協定とは

パリ協定 (Paris Agreement) とは、2015年にフランスのパリで開催された国連気候変動枠組条約第21回締約国会議 (COP21) で採択された国際協定です。2020年以降の世界の気候変動への取り組みを決めたもので、地球の平均気温の上昇を1.5〜2℃未満に抑制することを目標に今世紀後半に排出量を実質的にゼロにすることに合意しました。その目標に向かって、毎年5年ごとにそれぞれの国が、排出削減 (緩和) や影響への対応、資金提供、損失と被害などについて目標や政策を定め、「国が決定する貢献 (NDC)」と呼ばれる計画を立てて提出し、国際的に進捗を評価する仕組みが定められています。

第**3**章 気候変動を防ぎ、影響を緩和するためにできること

個人の取り組みだけではまったく足りない

　日本における気候変動対策は、一人ひとりの努力を求める普及啓発が中心となってきました。そのため多くの人々は気候変動対策と聞けば、「冷暖房の設定温度を1度高く／低く調整する」「テレビを見る時間を短くする」「シャワーの時間を短くする」のように我慢や負担を伴う個人の努力のことだと捉えがちです。しかし"我慢"の省エネルギー（以下、省エネ）は辛く、生活の質を引き下げるので、長続きしません。

　本来の気候変動対策は、産業やエネルギー構造を転換し、家庭や業務、交通などの分野で温室効果ガス排出をゼロにしていく過程においても、健康増進や医療費の削減、低所得者の光熱水費の削減や、地域経済の活性化、地域雇用の創出、生態系や文化の保全などさまざまな便益をもたらし、生活を豊かにすることにつながるものです。

　この章では、必要な対策、そして効果的な対策、それを進めていくための政策や仕組み・制度について考えてみましょう。

☞ この章で学ぶこと

キーワード

緩和、適応、省エネルギー、エネルギー効率化、再生可能エネルギー、インセンティブ、規制、情報公開、エネルギー自立、地域活性化

1 気候変動対策とは

　気候変動対策は、大きく「緩和」と「適応」の2つに分けられます。

　「緩和」は、省エネや再生可能エネルギー（以下、再エネ）への転換、森林や海洋、土壌などのCO_2の吸収力の増加などによって、地球温暖化の原因となっている温室効果ガスの排出を抑制し、気候変動を防止するための取り組みのことです。例えば、工場のシステムを省エネ型に変えたり、太陽光パネルを導入したり、窓を省エネ型に交換して断熱効果を高めたりする対策など、方法はいろいろとあります。

　それに対して、「適応」は、気温上昇によるさまざまな影響が起こることを防止したり、未然に備えたり、中長期的に避けられない気候変動の影響に対して被害を最小限に抑えたり、逆に気候の変化を利用するような取り組みのことです。例えば、気温上昇で影響を受ける生き物の保護を行うことや、異常気象で氾濫しそうな河川や海岸の補強工事を行うこと、温度上昇に強い作物に品種改良したり、その栽培を行うことなどです。

　気候変動が深刻化する中では、原因となる温室効果ガスの排出を削減する「緩和」と、異常気象などの被害に対応する「適応」のどちらも重要です。まず温室効果ガスの削減などの緩和に取り組みこれ以上の気温上昇を招かないようにしておきながら、その上でどうしても避けられない気候変動の影響に自然や社会のあり方を調整して適応していくという考え方に整理できます。とはいえ、すでに気候変動が進行してしまっているために、たとえ緩和策を徹底して行い、気温上昇を1.5℃に抑えたとしても、さまざまな気温上昇による影響が予測されています。そのため予測される影響や被害に備える適応策を実施していくことの重要性も高まっています。

2 排出削減を進める方法 —— 緩和策の考え方

　人為的な温室効果ガスは7種類ありますが（P.26参照）、このうち気候変動

の最大の原因はCO_2です。第4章で詳しく紹介しますが、日本においても温室効果ガスの約90％がCO_2であり、そのほとんどが化石燃料を燃やすことで発生・排出されています（P.50参照）。これらのCO_2は私たちが使うエネルギーを賄うために排出されているので「エネルギー起源CO_2」と呼ばれます。つまり、温室効果ガスを削減していくためには、このエネルギー起源CO_2を減らすことが重要な対策の柱になります。

　エネルギー起源CO_2を減らすためには、大きく分けて2つの方法があります。

　1つ目は、社会全体で使用しているエネルギーの総量を減らす省エネ・エネルギー効率向上を行うことです。

　2つ目は、CO_2を出さない方法でエネルギーを作り出す再エネへの転換を進めることです。

　社会全体で使用するエネルギーの総量は、社会や経済の発展状況、景気、社会構造（人口、世帯数、家族構成、ライフスタイルなど）によって大きく影響されます。それぞれの排出の要因に対して、さまざまな対策をとることが必要です。

①省エネ・エネルギーの効率化

　省エネ・エネルギー効率化とは、エネルギーを効率的に使うことで、使用するエネルギーの量自体を少なくすることや、設備や機器の性能をよくして今までより少ないエネルギーで同じ結果を得ることができるようにすることです。

　日本では省エネといえば、家庭でエアコンを使用する際に設定温度を上げ・下げすることや、使用時間を短くする省エネ行動を思い浮かべがちですが、家庭やオフィスでは、エネルギー消費がそもそも少なくて済むよう、住宅やオフィスなどで使用する機器を性能の高いものに交換して効率をよくしたり、断熱性能のよい壁や窓を導入して建物の省エネの効率を高めたりするなど、インフラを省エネ型にすることが、重要な省エネ対策です。

　交通分野でも同様に、公共交通やサイクリング道の整備などの車に依存し

ないで済むまちづくりやインフラを整備し、そもそも徒歩や自転車、公共交通を利用しやすいまちづくりを行い車に乗らないようにすることすること、さらに、電気自動車などの燃費のよい車に乗り換えることなどが省エネになります。

　企業などでは、工場の設備の省エネ化を図ったり、生産ラインをスリム化したりすること、機械の運転時間の短縮や運用方法を見直すこと、使用する機器・機械を性能のよいものに替えること、工場内のボイラーなどから出る排水や空気の熱を回収してもう一度利用することなどが省エネになります。

　このように一口に省エネと言っても、一人ひとりの行動を抑制することだけでなく、より少ないエネルギーで稼働する機器に切り替えていくこと、建築物の断熱性を向上させたり、自動車に頼らないまちづくりを行ったりすることなどさまざまな方法があります。

②化石燃料から再生可能エネルギーへの転換

　再エネとは、太陽光や風力、地熱といった太陽や地球、生物などの自然由来のエネルギーで、使用しても温室効果ガスを排出しません。そのため化石燃料から再エネに転換していくことが、有効な気候変動対策になります。国際エネルギー機関（IEA）が2050年までにCO_2の排出を実質ゼロにするための削減シナリオ（IEAネットゼロシナリオ）を発表し、この中で2020年〜2050年にかけて対策技術別の累積排出削減量を試算しています（図①）。さまざまな技術がある中でも、すでに実用化されている技術の再エネの利用や、電気自動車を普及させることによるCO_2削減量が最も大きくなると予想されています。このことからも現在利用可能な省エネ・再エネ技術を最大限に導入していくことが2050年CO_2実質ゼロを達成するための近道になることがわかります。化石燃料から再エネへの転換は、優先して進めていくべき効果的な対策なのです。

　逆に、化石燃料は速やかに削減していくことが求められています。とくに、電力部門の脱炭素化を最優先に進める必要があり、IEAネットゼロシナリオは、最も多くのCO_2を排出する石炭を利用した火力発電については、先進国

図①　技術別の累積排出削減量（2020〜2050年、2020年比）

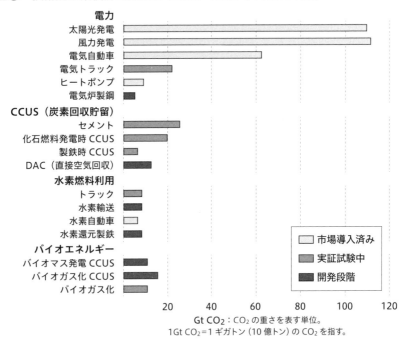

Gt CO$_2$：CO$_2$の重さを表す単位。
1Gt CO$_2$＝1 ギガトン（10 億トン）のCO$_2$を指す。

出典：IEAネットゼロシナリオを元に作成

では2030年に全廃、他の国々も含めて2040年には全廃する必要があること
が示されています。

　また、再エネは自然の循環の中から生まれるエネルギーであるため枯渇す
る心配がなく、CO$_2$も排出しないという特徴があります。日本は島国であり
国土面積が小さいために利用できる十分なエネルギー資源がないために海外
からの化石燃料輸入に頼ってきましたが、日本国内には、現在の日本の電力
供給量の最大２倍の再エネの導入可能量があると言われています。四方を海
に囲まれた日本は、洋上風力の可能性も大きくあります。電力の100％を再
エネで賄うことも夢ではありません。

　現在、日本の電力の70％以上は化石燃料を燃やすことで熱を生み出し、電力
に変換する火力発電所で作られています。電力分野においては、化石燃料、と
くに石炭火力発電所からの脱却を早急に進めることが重要になります。さら

に、電力以外の分野でも、石炭に加えて石油や天然ガスなどの化石燃料について2050年までにゼロにし、最終的にはすべて再エネで100％賄うことができれば、エネルギーを使用してもCO_2を排出しないことになります。

こうした再エネへの転換に向けては、電力やガスといった供給側でその供給割合を高めていくとともに、需要側でも太陽光発電や風力発電などの再エネの直接利用を行うなど積極的に利用を進めていくことが求められます。

将来的には、電力以外の熱や燃料についても再エネへの転換を進めていくことが有効な気候変動対策になります。

3　緩和対策を進めるための政策・制度

ここまで温室効果ガスの削減のために有効な、省エネと再エネを中心とする気候変動対策について紹介してきました。では、これらの対策をどのように推進していくことができるのでしょうか？

政策手法は大きくは、情報提供手法、経済的手法、規制的手法の3つに分けられます。

①情報提供手法

情報提供手法は、政府や自治体がテレビコマーシャルやWeb、パンフレット配布などの普及啓発や、製品の性能情報を消費者に提供することで消費者の行動を誘導する手法です。環境教育・環境学習の実施や企業が発行する環境報告書・サステナビリティレポートによる環境情報の公開なども情報提供手法に含まれます。

- Webやパンフレット、ポスター、テレビコマーシャルなどによる普及啓発
- 学校やコミュニティ、職場などでの環境教育・学習
- 家電や住宅等の性能情報表示（ラベリング制度など）
- 企業の環境報告書やサステナビリティレポートの公表
- 情報アドバイス、相談（うちエコ診断など）

②経済的手法

　経済的手法は、CO$_2$の削減に対して経済的に優遇、または排出する行動に対して負担を課すことで行動を誘導する手法です。太陽光発電やエコカーの導入への補助金などが有名です。CO$_2$を排出する行動に税を課す炭素税や、排出量取引と呼ばれる制度なども経済的手法に含まれます。排出量取引とは、一定量以上のCO$_2$を排出する事業者を対象に排出上限を設定し、排出枠を超えて排出をする事業者は、排出枠より実際の排出量が少ないところから排出枠を買ってくることを可能にし、それによって削減したとみなすことができるようにする制度です。

- ● 太陽光発電導入補助金
- ● 省エネ住宅・エコカー導入補助金、減税
- ● 省エネ設備導入補助や減税（工場、事業所）
- ● 炭素税
- ● 排出量取引制度

③規制的手法

　規制的手法は、国の法律や法令、自治体の条例などによって命令・禁止し、違反には代執行や処罰をする手法です。機器や自動車、住宅の性能基準を国が示して、それを製造元（家電メーカー、自動車製造業者、住宅メーカーなど）に守らせる制度や、電気事業者に対して一定以上まで再エネ電力を増やすことを求める法律などがあります。一定規模以上の事業者に温室効果ガス排出量を算定して報告することが義務付けられていたり、自治体で独自に基準を設定して、排出量の報告や削減計画書の提出を義務付ける例もあります。さらに、東京都や川崎市のように、自治体が住宅メーカーに対して新築建築物の一定割合以上の太陽光発電の導入を義務付ける条例も見られるようになってきました。

- ● 機器や自動車、建築物の省エネ性能基準
- ● 電気事業者への非化石電源基準
- ● 温室効果ガス排出量の算定・報告・公表制度

● 工場や事業所での温室効果ガス削減計画書の策定義務

● 太陽光発電の設置義務

　例えば、住宅の省エネ性能を高めるという対策を進める制度・施策を、情報提供手法、経済的手法、規制的手法の 3 つの手法に当てはめて考えると表①のように整理できます。

　このように住宅の省エネを進める政策にも、情報提供から、補助金などのインセンティブによる誘導や、省エネ基準を守ることを義務化する規制までさまざまな手段があります。

　政府や自治体の目指す目標や目的を達成するためには、排出実態を踏まえながらこのようにさまざまな対策を進めるための制度・施策を組み合わせながら実施していくことが重要になります。

　とくにこれから気候変動対策を進める上で重要になるのは、一度導入されるとその後長期間にわたって大量のCO_2を排出し続けることになる都市構造や大規模施設（発電所）などのインフラ導入を避けることです。例えば、大規模な火力発電所は、一度建設されると30〜40年間稼働し大量のCO_2を排出し続けます。また、ビルや住宅を建てるときに省エネ性能の悪いビルや家を建てると、省エネ性能のよい建物に比べて同じ快適性を得るためには、毎

表①　省エネ政策のタイプと内容

手　法	政　策	内　容
情報提供手法	Web、パンフレットでの情報提供、省エネラベルによる製品性能表示、省エネアドバイス	情報を提供して行動を誘導する方法。家電製品への性能と価格を表示する省エネラベルや、直接アドバイスする「うちエコ診断事業」などがある。
経済的手法	補助金、税制優遇、炭素税	家庭での効率の高い省エネ機器や住宅に対する補助金や税制・金利優遇などがある。
規制的手法	省エネ基準義務化・再エネ導入義務化など	新築建築物に対して一定以上の省エネ基準を守ることを義務付ける。日本でも 2025 年から義務化される。

年より多くの冷暖房エネルギーを消費してしまいます。

　このように、一度導入するとすぐに変更することは難しく、長期間にわたってCO$_2$排出源となる「ロックイン（固定化）」を避けるためには、インフラや建築物の建て替えのタイミングに合わせて、より性能のよい、CO$_2$を排出しない構造を選択していくことが重要になります。また、カーボンバジェットのことを考えるならば、できるだけ早いタイミングで脱炭素型のCO$_2$を出さないインフラに入れ替えを進めていくことを考えていかなければなりません。まちづくり全体で対策を進めていくことが求められています。

4　気候変動の影響を抑制する方法 ── 適応策の考え方

　深刻化する気候変動問題の影響によって想定を超える気象災害が各地で頻発し、日本国内でも大きな被害がもたらされるようになってきました。そのため緩和策を最大限に進めることに加えて、気候変動がもたらす悪影響に対して備えることや新しい気候条件を利用していく「適応策」の重要性が高まりつつあります。

　日本でも2018年に「気候変動適応法」が制定され、各地域が自然や社会経済の状況に合わせて適応策を実施することが盛り込まれています。

①地域特性に合わせた適応対策の必要性
　気候変動による影響は、地域の地理的、経済的、社会的な条件などによってさまざまな形で現れてくることから、とるべき対策も国・地域ごとに異なってきます。そのため日本でも、国だけでなく各自治体が気候変動適応法に従って地域気候変動適応計画を策定しています。

　地域においては、どのような気候変動の影響が現れているのかを把握するとともに、どのような影響が、いつどの程度現れるのかを予測することが重要になります。その影響予測に基づいて、防災、農業、自然生態系、健康、産業・経済活動などの各分野での対策を実施していくことになります（P.42〜43表②参照）。

なお、適応策はこれから新しく始めるものばかりではなく、すでに各分野で実施されているものを気候変動の視点から見直していくものもあります。例えば、農業分野での米の品質低下は早くから問題として認識され、暑さや病気に強い品種改良が各地で進められてきました。洪水・高潮対策、ハザードマップの整備、熱中症予防、森林整備なども同様に、防災や健康の観点から対策が進められています。従来から行われてきた施策を適応策としていくためには、こうした各分野の対策・施策を、深刻化する気候変動の影響に合わせて見直し、備えを強化していくことが必要になります。

②民間団体でも求められる適応策

　近年、とくに自治体においては、気候変動リスクを踏まえた抜本的な防災・減災対策が重要な課題となっています。気候変動と防災はあらゆる分野で取り組むべき横断的な課題であり、各分野の政策において、気候変動と防災を組み込み包括的な対策を講じていくことが求められています。

　また、自治体のみならず民間団体においても同様に、気候変動の影響は大きなリスクになってきています。異常気象災害の頻発によって損害保険会社の保険金支払額は増加しています。大規模な水害や台風などによって製造工場や店舗・施設、通信インフラなどが被害を受けたり、熱中症や感染症など従業員や顧客への健康リスクが増加しています。そのため民間団体においても、こうした気候変動問題への対応として最大限の緩和策の実施とともに適応策にも取り組んでいくことが必要です。

5　気候変動対策のメリット

　気候変動対策を導入することはさまざまなメリットがあります。例えば、健康増進や医療費の削減、低所得者の光熱水費の削減や、地域経済の活性化、地域雇用の創出などが挙げられ、生活が豊かになることが期待できます。またそれぞれの対策に私たちが参加し、決定していくことで社会参画も促進されます。

表② 気候変動の影響と分野ごとの適応策

分野	影響	適応策
防災	・大雨の発生頻度の増加による洪水・河川の氾濫リスクの増大、斜面崩壊や土石流などの山地災害の頻発 ・台風の強度や経路の変化などによる強風による建物やインフラの倒壊被害、高波のリスク増大	・治水施設（ダムなど）の再整備 ・河川・海岸堤防の強化 ・ハザードマップによる危険情報の事前共有 ・水害などの異常気象災害を想定した防災訓練や防災教育による地域防災力の向上 ・雨量や水位情報の携帯電話やインターネット・地域の防災無線などによるリアルタイム情報の共有 ・治水機能強化のための森林整備 ・災害リスクを考慮したまちづくり・地域づくりの促進
農業	・稲や野菜・果樹などの作物の生育障害や品質低下 ・病害虫による被害 ・夏季の高温による乳用牛の乳量・品質の低下や肉用牛・豚・鶏の成育や肉質の低下、鶏の産卵率などの低下など	・高温条件に適応する品種や栽培技術の導入 ・適切なかん水の実施 ・病害虫対策の強化 ・施設の耐候性の向上や非常時の対応能力の向上
自然生態系	・植物の植生の変化 ・ニホンジカやイノシシの増加と分布の拡大 ・花粉媒介昆虫の活動時期の変化や減少 ・海水温上昇によるサンゴの白化現象、日本近海からのサンゴの減少・消滅 ・動植物の生物季節の変動	・現在の生態系・種を維持するための管理や保護（外来種などの除伐・植生復元） ・移動のスピードが遅い植物などの保護のための人為的な移植の実施 ・高地に分布したり生息域が分断されたりして移動・分散できず絶滅の恐れがある種の他の生息地域への保全導入
健康	・高温による熱中症などでの死亡リスクの増大、デング熱などの感染症を媒介する蚊（ヒトスジシマカ）の分布可能域の拡大による感染症リスクの増大	・高温期のスポーツイベントなどの見直し ・労働、農林水産業、スポーツ、観光、日常生活などの各場面における気象情報の提供や注意喚起、予防・対処法の普及啓発、情報提供の実施 ・炎天下などの厳しい労働条件下での作業へのロボット技術やICTの導入による軽労化

分野	影響	適応策
産業・経済活動への影響	・自然災害の多発・激甚化による保険金支払額の増加 ・スキー場における積雪深の減少など気候変動によるレジャーへの影響 ・大規模な水害などによる工場などの浸水被害の増加 ・作物生産量の変動や異常気象による食料輸入への影響	・工場施設などの耐候性の強化 ・災害時にホテル・旅館など宿泊施設を避難受入施設として提供 ・人工降雪機の活用、冬季以外のスキー場を利用したレジャー開発（キャンプ、トレイルラン、音楽イベントの開催） ・サプライヤーと連携した原料調達などのリスク回避の実施（工場立地場所の見直し、原材料の代替）

出典：気候変動適応計画などを元に作成

以下、気候変動対策を導入した際のメリットについて、①対策コストの考え方、②生活の質への影響、③生態系や地域資源、文化の保護の3つの観点から検討してみましょう。

①対策コストの考え方

気候変動対策を実施するには、初期投資などに一定のコストがかかります。そのため気候変動対策を実施することに抵抗を感じる人々も少なくありません。実際に日本では気候変動対策を進めるためにはコストがかかることを理由に、対策を実施することを敬遠したり、先送りにしたりすることがあります。

一方で対策を実施しなければ、気候変動が進んでしまい、経済にも深刻な影響を及ぼすと指摘されています。国際労働機関（ILO）によれば、気候変動による熱ストレスによって2030年までに世界の労働時間は2.2％失われ、8000万人のフルタイム雇用に相当する生産性が低下し、経済損失は2兆4000億ドル相当にのぼるという報告がなされています。

さらに、カリフォルニア大学バークレー校の研究では「気候変動を回避した場合に比べて最良の予測であっても、2100年には世界経済全体が23％縮小する恐れがある」と報告されています。

また、もしも政府が積極的に気候変動対策に取り組み、温室効果ガスの排出を抑制するための政策（炭素税、排出量取引制度、排出量規制など）が実施されれば、CO_2を排出すること自体がコストとなるため、企業は、対策を取らないことによる経済的な負担を負うことになります。さらに脱炭素に関連する技術の発展可能性が増加することで、事業機会や投資機会も増大することになると考えられます。

　実際に脱炭素社会に移行していくためには投資が必要で、IEAによれば、パリ協定の目標達成に向けては、2040年までに世界全体で約58兆7950億ドル（約8000兆円）～約71兆3290億ドル（約9700兆円）の投資が必要と試算されています。巨額の投資が必要とされていますが、これらの投資を行うことで新たな分野の技術開発や経済成長、関連産業における雇用の創出にもつながり、投資した以上の経済効果や便益（ベネフィット）を得ることが期待できます。

　そういったことからも気候変動対策を行うことは、リスクを回避するために必要なことであり、さらにコストではなく投資として捉えて先行して取り組むことで、経済的にも大きなメリットを得られるようになると考えられます。また近年のようにエネルギー価格が高騰している状況では、省エネや再エネに転換することによって、化石燃料に支払っていたコストを削減し、実質的に経済的なメリットを生み出せる場合も多くあります。

②健康的で生活の質が高くなる

　日本では気候変動対策として、「冷暖房の設定温度を1度高く・低く調整すること」などの「我慢」の省エネが国民運動として奨励されることが多く、そのため日本人の多くは気候変動対策を実施することを、「生活の質を引き下げる」ものとして捉える傾向があります。しかしながら、このような我慢の省エネは、辛く、不快で生活の質を引き下げるので、長続きしません。

　一方で、断熱性能の高い省エネ住宅に住むことは、長期的なCO_2削減につながることに加えて、家に住む人の快適性を上げ、健康被害の予防にもつながります。日本では温度の急激な変化で血圧が上下に大きく変動する等によ

って起こる健康障害「ヒートショック」による病死者数は、入浴中の事故だけに絞っても年間5000人にものぼると言われています。年間の交通事故死亡者数の約2300名（2022年）に比べても、ヒートショックによる死亡者数はその2倍以上にもなっているのです。また、熱中症の約6割は自宅や施設内などの屋内で発生しています。建物の断熱性能を向上させれば夏場は熱を逃し冷気を留めることで冷房効率もよくなり、屋内で熱中症のリスクの低下にもつながります。

　このように、夏涼しく、冬暖かい家に住むことはエネルギーコストの節約だけでなく、健康被害のリスクを下げることにもつながるのです。住宅の断熱性能向上のためにかかる費用は、エネルギー費用の節約や、さらには医療費削減効果をあわせて考えれば十分に回収可能なものです。さらに断熱リフォームや改修のための工事を地域の工務店などで行えるようになれば、支払われたお金は、地域の経済にも貢献することになります。住宅の省エネ化は、快適性の向上、家計の節約、医療費の削減、地域経済活性化などのさまざまな便益を地域にもたらす可能性が高いのです。

③生態系や地域資源、文化が守られる

　日本は南北に長く、亜熱帯から亜寒帯まで国土が広がり、地形の変化にも富んでいるため、さまざまな固有の気候が形成されています。そしてその固有の気候を活かした伝統的な暮らしや産業が存在します。そのため気候変動の影響は、固有の気候の変化にとどまらず、それに根ざした地域資源、伝統文化にも及びます。

　例えば、日本の伝統文化である「華道」では、植物の季節がずれたり、産地の移動で手に入りにくくなることが起こっています。日本の伝統工芸品に使用される「漆」も植生の変化によって品質が変わったり、漆などの生息地にシカが入り込み食い荒らす食害の影響が出始めています。日本食として世界の人々に愛されるお寿司に欠かせない「ワサビ」も、生育に必要な冷たく綺麗な湧水と低い気温が保てず、生産の危機にさらされています。

　気候変動対策を進めること、そしてすでに現れている被害を軽減・予防す

ることは、地域の生態系や資源、文化をも守っていくことにつながります。

6　これからの気候変動対策と政策転換

　これまでの日本の気候変動対策では、一人ひとりの努力や、企業の自主的な努力、それらを促すための呼びかけといった取り組みが中心になってきました。企業においても地方自治体にとっても気候変動対策は優先されるものではありませんでした。

　しかし、2050年までにCO_2をゼロにするためには、これまでのような善意に基づく自主的な取り組みや、ごく一部の意識の高い主体だけが取り組むのでは不十分であることは明らかです。

　脱炭素社会を実現するためには、気候変動問題に関心をもたない人も含めて、誰もが当たり前のようにCO_2を出さないことを選択できる社会になっていく必要があります。これからは、脱炭素を1つの軸としてエネルギーや産業、都市の構造、食や消費のライフスタイルなど、社会経済システム全体を大きく転換していくための政策の実現が求められています。

再生可能エネルギーはコストが高くて不安定？

　再生可能エネルギー（以下、再エネ）普及に向けた課題としてよく指摘されることに、コストが高いこと、太陽が照らないときや風が吹かないときの不安定さが挙げられます。しかし、その根拠は古い情報に基づくもので、現在は状況が大きく変わってきています。再エネのコストは年々低下し、近年は化石燃料を下回り、最も安い電源として認知されるようになっています。また日本でも家庭用太陽光発電の自家発電コストは2014年にはすでに家庭用の電力価格よりも安くなっていて、電力会社から電気を買うよりも太陽光発電をつけた方が安く電気を使えるようになっています。さらに経済産業省などによるコスト検証では、日本でも2030年には、原子力発電や火力発電を太陽光発電が下回り、最も発電単価が安い電源になると予測されています。再エネのコストが下がったことで、積極的に再エネを活用し、環境性と経済性の両立を図ろうとする大企業も年々増加しています（第6章参照）。

　また、再エネの中でも太陽光発電や風力発電は、天候変化の影響を受けやすいため、その安定性が課題として挙げられることがあります。これについては、さまざまな対策や制度が整備されてきています。再エネの安定性を高めていくために、変動性のある太陽光や風力だけでなく、水力発電、地熱発電、バイオマス発電などの、一定の出力での発電が可能で変動性が少ない再エネの割合を増やして組み合わせて利用したり、変動性のある再エネの割合に応じて揚水発電をはじめとする他の電源で出力調整をしたり、広域的な電力エリア間での電力融通を行うことなどで対応することが可能です。さらに今後再エネの割合が増加してくるにあたり、太陽光発電や風力発電の出力抑制、発電量を予測する技術、蓄電池や電気自動車（EV）をはじめとする電気モビリティへの蓄電など、さまざまな対策を進めていくことで対応可能になると考えられます。

日本は省エネ先進国　だから、これ以上の省エネはできない!?

　日本は1973年と1979年に起こった石油危機の後から、エネルギー消費効率の改善に力を入れ世界トップクラスの省エネルギー（以下、省エネ）を達成してきました。そのため気候変動対策としてさらなる省エネに取り組むことに対して、産業界を中心に「これまで十分に省エネ対策をやり尽くしてきた。もうやれることはない」という考え方が広がり、省エネ対策は産業界の自主的な取り組みに任されてきました。その結果、経済が停滞したことも合わさって日本のエネルギー消費効率改善は1990年以降停滞しています。一方、欧米諸国では気候変動対策としてエネルギー効率の改善が進められ、近年ではイギリスやドイツが日本を上回っています。

　日本が省エネに力を入れた時代から30年以上が経過した今、設備の老朽化やメンテナンス不足によるエネルギーロスが増大しています。今後の省エネ対策として重要なことは、古い設備を更新する際には最新の効率的な機器への転換を行うことです。また、日本の建築物の65％以上が断熱レベルが低く、壁や屋根、床、窓などから熱が逃げてしまい建築物のエネルギー効率が低下しています。新築建築物の断熱性能基準の義務化とその引き上げ、さらに既設建築物の対策を進めることが求められます。

　また、こうした対策を進めていくためには、自主的な取り組みに任せるだけでは不十分であり、規制や基準の義務化などの政策による後押しが欠かせません。

第4章

日本の温室効果ガスの排出の特徴と削減の可能性

最大の排出の原因は石炭火力発電

日本は、先進工業国として、多くの化石燃料や鉱物資源を海外から輸入しています。私たちは、その資源を利用し、工場や施設、道路などのインフラを整備し、さまざまな機器や製品、商品を製造・生産し、暮らしを営んでいます。そのすべての過程で電気や熱のエネルギーを利用しますので、大量の温室効果ガスが排出されています。

日本の温室効果ガスの排出の最大の要因は、火力発電所における石炭の燃焼です。また、日本全体の温室効果ガス排出量の半分以上は、鉄鋼やセメント、化学、石油、紙製造業等の約130の大規模な工場などからです。

気候変動対策では、一人ひとりの省エネ対策の重要性が強調されることが多くありますが、国全体で排出を実質的にゼロにするためには、大規模な排出事業者が着実に削減を図ることが不可欠です。すなわち、産業や経済、仕事のあり方が根底から見直され、転換されなければなりません。この章では、日本の温室効果ガスの排出について学びましょう。

☞ **この章で学ぶこと**

キーワード

温室効果ガス、二酸化炭素（CO_2）、産業構造、エネルギー供給構造、削減可能性

図① 日本の温室効果ガスの総排出量の推移

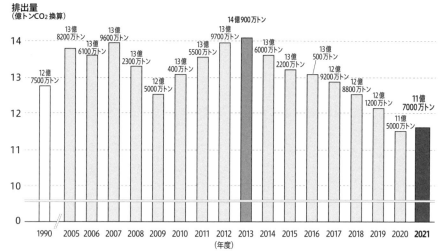

排出量
（億トンCO$_2$換算）

出典：温室効果ガスインベントリ2021年度確報値を元に作成

1 日本の温室効果ガスの排出量

　戦後の復興から急速な経済成長を遂げた日本は、世界第3位のGDP（国内総生産）の経済大国です。経済成長に伴って、化石燃料の利用が大幅に増え、温室効果ガスの排出が増えてきました。2013年度以降の排出量は減少傾向にありますが、これからは、温室効果ガスの排出をさらに大きく減らしていかなければなりません。そのためにもまず、日本の温室効果ガスがどこからどのような工程で排出されているのかを確認していきましょう。

①温室効果ガスはどこから排出されているのだろう？

　日本の2021年度の温室効果ガス排出は、11億7000万トン（CO$_2$換算）でした（図①）。国連に報告が義務付けられている温室効果ガスは7種類ありますが、日本では全排出のうち約9割がCO$_2$です。

　工業化の進んだ日本では、発電や製造業や、自動車利用によるCO$_2$排出が

図② CO₂の部門排出量の内訳

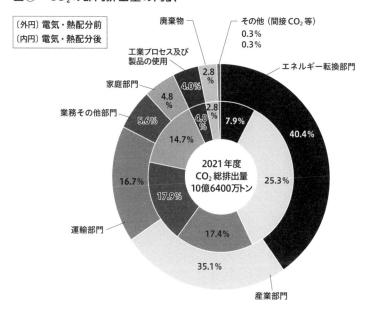

〔外円〕電気・熱配分前
〔内円〕電気・熱配分後

廃棄物

その他（間接CO₂等）
0.3%
0.3%

工業プロセス及び
製品の使用

エネルギー転換部門

家庭部門

業務その他部門

2.8%

4.0%

4.8%

5.6%

2.8%
%

4.0%
%

14.7%

7.9%

40.4%

2021年度
CO₂総排出量
10億6400万トン

25.3%

16.7%

17.9%

17.4%

運輸部門

35.1%

産業部門

出典：温室効果ガスインベントリ2021年度確報値を元に作成

大きな割合を占めています。CO₂以外のガスには、エアコンなどの冷媒や建物の断熱材などに用いられる代替フロン類（HFC、PFC、SF₆）、ごみの埋立地や水田からのメタン、半導体や液晶製造などで排出される三ふっ化窒素（NF₃）などがあります（P.26参照）。

　CO₂はさまざまなところから排出されています。2021年度の排出量の内訳を詳しく見てみましょう（図②）。

　まず、図の内側の円（電気・熱配分後）を見てください。この内円では、電気からのCO₂は、工場や学校、家庭などで電気を使用するときに排出されると整理されています。最も排出が多いのは、電気や熱を大量に利用する製造業の工場などの「産業部門」（25.3%）です。製品製造や商品の生産の過程で多くのCO₂が排出されていることがわかります。次いでオフィスや病院、ホテル、学校、飲食店などの「業務その他部門」（17.9%）が多くなっています。

さらに自動車や航空機、船舶などの燃料を利用する「運輸部門」(17.4%)、各家庭の電気やガスの利用による「家庭部門」(14.7%) が続きます。私たちの日々の暮らしが気候変動に影響を与えていることがわかるでしょう。

次に、外側の円 (電気・熱配分前) を見てください。実際には、電気のCO_2は、工場や家庭で使用するときではなく、火力発電所で石炭やガスを燃焼して発電するときに排出されていますので、外円では、電気のCO_2は、電気を作る電力会社の排出と整理されています。この場合では、発電所・製油所などの「エネルギー転換部門」のCO_2排出が40.4%を占め、最も排出が多くなっています。産業や業務・家庭部門は、電気のCO_2排出量を除くため、排出割合は内円と比べると小さくなります。

このように、電気のCO_2を「使う側」の排出と見るのか、「作る側」の排出と見るのかによって、誰に排出の責任があるのかが違って見えてきます。日本では、電気を「使う側」の排出とみなす統計がよく利用されますので、節電が重要視されがちですが、外円の通り、発電所で電気を作ることが最大の排出の要因であることを理解しておくことも重要です。

②発電のCO_2排出が多い理由

前ページの図②の外側の円では、「エネルギー転換部門」のCO_2排出が約40%を占めていますが、このうち9割は発電による排出です。なぜ発電の排出が多いのでしょうか。

日本において発電からのCO_2が多いのは、石炭や天然ガスなどのCO_2を大量に排出する化石燃料を燃焼する火力発電に今でも大きく頼っているからです。最も発電に多く利用されているのが天然ガス (LNG)、次いで石炭です (図③)。このうち石炭は、同じ量の電気を作るにあたって天然ガスの約2倍のCO_2を排出しますので、利用量は天然ガスより少なくても、石炭火力発電からのCO_2排出量は発電部門の6割を占め (2021年度)、日本全体みて最大のCO_2排出の要因となっています。電気は、照明や冷暖房、動力などの形で私たちの生活をさまざまに支えていますが、その利用からのCO_2排出量を減らすためには、エネルギー供給構造、すなわち電気の作り方から変えてい

図③　発電電力割合（2021年度）

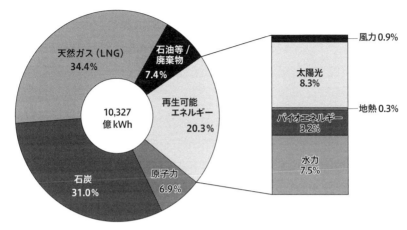

出典：自然エネルギー財団を元に作成

くことが重要な対策であることがわかります。

③排出が集中する業種は？

　エネルギーを使用する側で見た場合、企業・公共部門の排出が約8割、家計部門が約2割で、企業・公共部門からの排出が圧倒的に多くを占めています。私たちが家庭で省エネをし、電力や燃料の利用を削減することは2割分の削減に貢献することになりますが、より大きな削減を進めるためには、政府や自治体、企業による取り組みを進めることが必要です。

　また、企業と一括りで言っても、上場企業は約1万社、中小規模を含めると約400万社もあり、さまざまな規模や業種の企業があります。それぞれ企業には、工場やオフィスがあり、1つの企業でも、工場や事務所、店舗などさまざまな営業形態があり、そこからCO_2は排出されています。

　このうち、温室効果ガスの排出の多い工場や発電所を抜き出すと、わずか135の工場や発電所が、日本全体の温室効果ガスの排出割合に対し半分を占めています。業種も、電気業（発電所）、鉄鋼業、セメント製造業、化学工業、石油精製業、紙製造業の6業種に限定されています。とくに発電所については、76の発電所だけで日本の排出の約3分の1を占め、そのうち半分は石炭

火力発電所が占めています（環境NGO「気候ネットワーク」の2018年度の排出分析より）。

　このように、日本のCO_2排出は、エネルギーを多く排出する発電部門と産業部門の一部の業種に大きく偏っていますので、これらの事業をどのように転換するのかということを考えていかなければ、温室効果ガスの排出ゼロを目指していくことはできません。

　温室効果ガス排出削減は、みんなで取り組まなくてはならない課題ですが、特定業種の限られた数の工場や発電所が日本の排出の過半を占める現状に目を向け、それらの業種の化石燃料エネルギー依存を減らし、着実な転換を図ることが重要です。

2　排出構造から考える削減可能性

　学校では、SDGsや気候変動、プラスチック汚染などについて学び、自分たちができる環境行動として、省エネや節電、ごみを減らしリサイクルをする、無駄な買い物をしない、といった取り組みが進められています。私たちの暮らしや社会は、化石燃料から作られたエネルギーや製品で支えられていますので、一人ひとりの心がけでCO_2の削減に貢献することができます。

　しかし、上記で見た通り、CO_2の排出は特定の業種や部門に大きく偏っていますので、排出構造を考えて効果的に取り組んでいかなければなりません。

　次に、排出の多い部門を取り上げて、どのような削減の可能性があるのかを見てみましょう。

①発電部門　──化石燃料から再生可能エネルギーへ

　石炭・石油・ガスを燃料に火力発電で電気を作る場合、CO_2を排出します。このうち石炭火力が最も多く排出します。一方、発電には、火力発電だけでなく、太陽光や風力、地熱、バイオマスなどの自然の力を利用する再生可能エネルギーや、核分裂で発電する原子力発電などの方法もあります。

　再生可能エネルギーのうち、太陽光や風力などの自然の資源は無限に存在

し、これらを利用してもCO_2は排出しません。また、太陽光発電や風力発電は、さまざまな場所で実施可能であり、近年、世界中で急速に普及が進み、コストも安くなってきています。森林などのバイオマス起源のエネルギーは、CO_2を吸収して炭素蓄積しているものを利用するため、燃やすとCO_2を排出しますが、計算上はプラスマイナスゼロとみなされ、同じく再生可能エネルギーと整理されています。ただし、とうもろこしなどの食料起源のバイオマスを利用しすぎると食料供給と競合したり、バイオマスの種類、生産国、利用量などを考慮しないと逆に環境破壊をもたらしてしまうこともあります。また生産方法や海外からの輸送を考慮すると化石燃料の利用よりもCO_2が増えてしまう場合もあります。バイオマスの利用には注意が必要です。

　日本でも再生可能エネルギーの利用は増えてきていますが、まだ電気の2割を占めるにすぎません。これから化石燃料の利用を減らし、再生可能エネルギーを増やしていくことにより、CO_2の大きな削減が実現できる可能性があります。

　原子力発電は核分裂のエネルギーで発電し、運転時にはCO_2を排出しません。一方で、極めて危険な放射性物質を発生させますので、福島第一原子力発電所の事故のようなリスク、放射性物質の漏洩や放射性廃棄物の処分などの深刻な課題があります。CO_2の観点だけでなく、その他の環境・地域・事故リスクを踏まえて、安全性を含め、慎重に検討することが求められます。

　日本は、火力発電や原子力発電の原料である化石燃料やウラン燃料を海外から輸入しており、その採掘、運搬の際にも環境破壊やCO_2の排出をしていることも忘れてはなりません。

原子力発電について

　原子力発電は、核分裂のエネルギーで発電するため、運転時にCO_2を排出しません。しかし安全に運転し管理しなければ放射性物質が漏れ出てしまうリスクと、原子力発電所（原発）の稼働によって排出される使用済み核燃料（放射性廃棄物）の処理問題があります。そのため、原子力発電を利用する上では安全性の確保は大前提ですが、地震の多い日本では、他の国よりも放射性物質を管理する上でリスクが高くなります。

　原子力発電の利用に伴って増えていく放射性廃棄物については、長期間（約10万年）にわたって管理する必要がありますが、現時点ではそれらを受け入れる最終処分場はもとより、中間貯蔵施設の用意もできていません。また原子力発電のコストは、大規模に発電できるために安いと言われてきましたが、安全性の確保や最終処分に関する費用、事故コストを含めると他の発電コストを大幅に上回る高コストになり、経済性の面からの課題もあります。

　原子力発電は運転中にCO_2を出しません。しかし、原子力発電を推進していた頃、日本のCO_2排出量の削減は進みませんでした。逆に福島での原発事故の影響で日本中の原発が稼働を停止し、原発がほとんど再稼働しない中でCO_2の削減傾向が続いています。原発を増やせばCO_2が減るというわけではなく、電気の使用量を削減し、再生可能エネルギーを増やすことこそが必要であることが実証されています。

　また、原子力発電は、容易には出力調整ができないため、需要が減る夜間でも一定の出力で発電をし続けなければならないという特徴があります。また原発の定期点検や事故などによる稼働停止の際には、バックアップ電源として大規模火力電源が欠かせず、化石燃料利用で補う必要があります。変動する需要に柔軟に出力を調整することができませんので、再生可能エネルギーを主軸にしたエネルギー転換の流れにも沿いにくい電源です。原子力発電の利用を考えるときには、これらの特性を踏まえることが重要です。

福島第一原子力発電所の事故の教訓

　2011年3月11日に起こった福島第一原発事故は、水素爆発と放射線漏れによって、近隣住民や環境に取り返しのつかない汚染と被害をもたらす、チェルノブイリ原発事故と並ぶレベル7の最悪の原発事故となりました。その影響は広範囲に、また長期間にわたります。健康被害はもちろん、その地に暮らしてきた人々がふるさとを離れることを強制され、さらにそこから差別が生まれるなど、社会にさまざまな傷跡を残しています。また、農業や漁業などを生業にする人は直接的に影響を受けた上に、風評被害にも苦しみ、代々受け継いできた大切な仕事をあきらめざるを得なくなりました。

　事故を起こした発電所の廃炉には長い時間と膨大なコストがかかり、いつ福島原発の処理が終えられるのか、未だその見通しも立ちません。

　そもそも原発は、都市から離れた地方に多額の補助金が投じられて建設されてきました。大消費地の都会の電気のために、原発周辺の地域住民をリスクに晒すという不公平を生み出す構造も無視できません。世界でも最悪の原発事故を経験した日本の私たちは、原子力発電のリスクや課題を捉えた上で、エネルギーのあり方を考えていく必要があります。

②運輸部門　──EV車への転換・公共交通の利用

　私たちは、通学や通勤、旅行などで移動する際（旅客）や、業務用の荷物や資材を運ぶ際（貨物）に乗り物を利用しています。車やトラック、鉄道や飛行機、船などを合わせた運輸部門の排出は、日本では発電部門の次に多く、なかでも車やトラックの利用が運輸部門の排出の約8割を占めています。

　旅客部門の対策としては、自家用車のCO_2削減をするために、移動手段の選択が重要です。徒歩や自転車、公共交通機関を積極的に利用することで車の利用を減らすことができます。また、電気自動車（EV）に転換する方法が有効です。発電部門で再生可能エネルギーの導入と同時に進めていくことでCO_2削減になります。

　貨物部門の対策としては、荷物を運ぶトラックが片道を空で戻ってきたりする無駄な運搬を減らし、効率的な物流のシステムを作ることや、国産品を奨励したり地産地消を進めることなどによって、長距離輸送を減らすことができます。自家用車同様、トラックや小型の船などでもEV化を進めることができます。そのためには、充電ステーションの整備などが必要になってきます。

③鉄、セメントなどの素材製造業
──資源の浪費を減らし、燃料転換・新技術へ

　日本ではものづくりをする産業がたくさんあります。製造業のうち、製鉄、セメント製造、石油を用いた化学製品や、紙・パルプ製造などの分野では、多くのCO_2を排出しています。建築物や道路などのインフラを整備する際にも素材としての鉄やセメントを多く利用し、その過程で多くのCO_2を排出しています。

　とくに、製鉄のプロセスでは、石炭を原材料に利用しているため、鉄鋼業だけで日本の排出量の約10％にあたるCO_2を排出しています。そのため、鉄鋼業の対策は重要で、大きく3つの対策が考えられます。

　まず、大量生産・大量消費・大量廃棄を見直し、過剰な設備や製品の生産を減らし、資源利用を減らすことです。不必要に大きな建造物の建設を見直

したり、木造建築に切り替えたり、今ある製品やインフラを長く使い続けたりすることで、生産量を減らしていくことができます。

次に、既存のインフラで多く使われている鉄を回収してスクラップにしたものをリサイクルして再製品化する方法に切り替えることです。通常の製鉄より排出量を約4分の1に減らすことができます。

さらにその先には、石炭の代わりに水素を利用する新しい技術に置き換えていくという方法の開発が進められています。

セメントや化学、紙パルプの分野でも、無駄を見直す、長寿命化させる、リサイクルする、という方法で排出量を大きく下げていくことができます。また製造過程で、石油や石炭・ガスなどを利用している場合には、電化をして、再生可能エネルギーによる電力の利用に切り替えると大きな削減につながります。一部、電化では対応ができない高温のエネルギーを必要とする分野では、水素を利用した技術開発が期待されています。

3 生産から廃棄までのライフサイクル

建物やインフラ、食べ物などの生産から廃棄までのライフサイクル全体から、CO_2排出に大きく影響を与える分野の削減の可能性を考えることも大切です。

①建築

住宅や建築物は、建材として鉄やセメントなどを利用するため、その資材の生産段階で、CO_2排出を伴います。建設段階では、運搬にトラックなどを使い、工事にもエネルギーを使います。完成した住宅に人が暮らし建築物を利用している間は、冷暖房や給湯などを通じてCO_2を排出します。建物の断熱の効率がよく省エネ型かどうかで、何十年もの間、利用段階の冷暖房の消費量は大きく変わりますし、同時に、冬暖かく夏涼しく快適に過ごせるかも変わってきます。また途中で、建物の改修を行うことがあれば、そのときの資材や運搬、工事、廃棄にもCO_2を排出します。廃棄段階では、解体工事、廃

棄物の運搬、そして廃棄物の処理の各工程でCO_2を排出します。リサイクルに回らない建材は産業廃棄物となり、その多くは焼却されるため、そこでもCO_2を排出します。

　建築に伴うライフサイクル全体のCO_2排出量は、各部門にまたがっており、CO_2全体の３分の１から４分の１を占めるとされています。建物を長寿命化させ、建設する場合には、エネルギー消費の少ない構造の住宅・建築物を増やし、屋根に太陽光パネルをのせたり、給湯や冷暖房を太陽熱や地中熱で賄うなどの再生可能エネルギー導入を進めれば、CO_2を大きく減らすことができます。

　家庭やオフィスからのCO_2を減らすためには、エアコンの設定温度を調節したりする省エネ行動をとる以前に、住宅や建築物の寿命を考えながら、窓や壁などの断熱改修や高効率機器への更新などでエネルギー消費の少ない構造にする対策が重要です。

②食

　食料も建築と似ています。食料の生産、運搬、販売、消費、そして廃棄までのそれぞれの過程でCO_2を排出します。世界の温室効果ガスの約３分の１は食料システムに関連しています。

　私たちが日々食べるという行為を通じて、どこの産地のどんな食品を選ぶのか、農薬や化学肥料の利用の有無に配慮するのか、肉食・菜食どちらを選ぶのか、包装について配慮するのか、などについて考えて行動することで大きな違いが出てきます。各種統計では、牛肉やラム肉は、畜産の段階で大量のCO_2を排出することがわかっています。肉食を減らすキャンペーンなどが広がりつつあり、プラントベースの食事（肉や魚、乳製品をとらず、野菜やフルーツ、ナッツなど植物由来の食品を中心とした食事）を選ぶベジタリアンやビーガンの人も増えています。さらに、地産地消などの産地の選び方、販売方法、プラスチックを使わない包装や量り売り、残り物を出さない方法、ごみの原料と分別、すべてがCO_2排出削減につながっています。

　個人でできることも多くありますが、同時に重要なのが、関連する企業が

生産物（旬の食材やプラントベースの食材など）、生産方法（農地や加工工場での再生可能エネルギーの利用や省エネ、有機農業、無農薬など）、販売方法（地域での販売、物流、EVトラックク、共同購入など）、廃棄方法（食品ロスの削減など）を通じて食のシステム全体でエネルギーの使用を減らすことです。

　日本の温室効果ガス、とりわけCO_2の排出構造は、特定の業種の事業に大きく偏っているという特徴があります。大幅に温室効果ガス排出を削減していくためには、やみくもに取り組み始めるのではなく、どこからの排出を減らし、何を変えていくことで大きな削減効果を得られるのかを把握し、必要な取り組みを効果的に進めることが重要です。身の周りの取り組みにとどまらず、社会を形作るエネルギーや産業の仕組みをどう変えていけるのか、そのためにできることは何か、と考えを進めていくことが求められています。

第5章

日本の気候変動対策はどこまで進んでいるのか

日本の気候変動に関する目標・政策

2022年のロシアのウクライナ侵攻による影響から、世界的に脱炭素とともにエネルギー危機への対応が求められ、欧米各国は、国家を挙げて脱炭素につながる投資を支援し、早期の脱炭素社会への移行に向けた取り組みを加速しています。気候変動対策を進めていくためには、国の野心的な目標や目標達成に貢献する効果的な政策が重要になり、日本でも同様にエネルギーの安定供給の確保と脱炭素を推進するための政策が検討されています。

しかしながら日本の政策は、再生可能エネルギー（以下、再エネ）の主力電源化を方針に掲げるもののその目標値は低く、最大のCO_2発生源である石炭からの脱却も進めず、原子力発電への依存を再度高めようとする内容になっています。この章では日本の気候変動に関する目標や政策について、実効性、現実性の面からあらためて整理し、考えていきましょう。

☞ **この章で学ぶこと**

キーワード

エネルギー基本計画、GX（グリーントランスフォーメーション）、イノベーション、カーボンプライシング、炭素税、キャップ＆トレード型排出量取引制度

1 日本の削減目標 —— 2030年46％削減、さらに50％削減を目指す

　第2章で紹介したように気候変動が危険な水準に突入してしまうことを回避し、私たちが豊かに暮らし続ける地球環境を維持するためには、これからの気温の上昇は低い水準で抑えておく必要があります。世界では産業革命以前からの気温上昇を1.5℃に抑えることを目標にしています。そのためには世界全体で2030年にはCO_2排出量を半分に、2050年には実質的にゼロ（ネットゼロ）にする必要性があります。

　日本政府の現在の温室効果ガスの削減目標は、2030年に46％削減、さらに50％削減の高みを目指し、2050年には排出実質ゼロ（カーボンニュートラル）にすることです。先進国として、これまでにも大量のCO_2を排出し続けていることなどを踏まえると、日本には2030年に62％以上の削減、2050年よりも前に実質ゼロが求められると考えられていますので、気温上昇を1.5℃に抑えるためには、現在の目標を達成するだけではまだ不十分です。日本は、2030年60％以上の削減や、2050年よりも早い時期でのカーボンニュートラルの実現などの大胆な目標にチャレンジしていくことが求められています。

2 日本が目指す脱炭素社会の方向性

　日本で排出されているCO_2の約85％は、私たちが使用するエネルギーを作り出すために化石燃料を燃やすことで発生しているエネルギー起源CO_2です（P.51図②参照）。そのため気候変動対策としては化石燃料からの転換が重要であり、ひいてはこれからのエネルギーや産業のあり方にも関わってくる問題でもあるのです。

　日本では、2050年、2030年の目標を達成していくために国の戦略や計画を発表しています。代表的なものは以下の4つです。

①パリ協定に基づく成長戦略としての長期戦略

2021年10月22日に閣議決定された「パリ協定に基づく成長戦略としての長期戦略」と名付けられた長期戦略は、パリ協定の規定に基づき策定されたもので、2050年カーボンニュートラルに向けた基本的考え方、ビジョンなどを示すものです。再エネ最優先の原則を掲げ、最大限の再エネの導入を進めること、2035年までに、乗用車新車販売で電気自動車（EV）100%を実現すること、脱炭素と地方創生を同時に達成すること、イノベーション、グリーンファイナンス、成長に資するカーボンプライシングなどに取り組むことなどが盛り込まれています。

②エネルギー基本計画

「エネルギー政策基本法」という法律で作成されることを定められている基本計画で、中長期的な日本のエネルギー政策の方向性を示した、日本のエネルギー政策の土台となるものです。国内外のエネルギー状況を見て、少なくとも3年ごとに検討を加え、必要に応じて見直されます。2021年10月に決定された第6次エネルギー基本計画は、カーボンニュートラルの実現を前提にした内容になっています。

③地球温暖化対策計画

地球温暖化対策推進法に基づく政府の総合計画です。2021年10月に改定された、新たな地球温暖化対策計画では、2030年に温室効果ガス46%削減（2013年度比）する目標の裏付けとなる対策・施策を記載して新目標実現への道筋を示すものです。

④脱炭素成長型経済移行法（GX推進法）

GX（グリーントランスフォーメーション）という、カーボンニュートラルを実現する上で経済成長を実現するという考え方に基づき、2023年5月に成立した新しい法律で、GXの戦略策定と炭素の賦課金の制度や国債の発行などの仕組みを定めています。ただし、企業の成長を後押しすることに重点

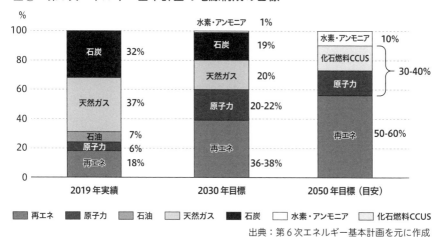

図① 第6次エネルギー基本計画の電源構成の目標

凡例: 再エネ / 原子力 / 石油 / 天然ガス / 石炭 / 水素・アンモニア / 化石燃料CCUS

出典：第6次エネルギー基本計画を元に作成

があり、カーボンニュートラルへの道筋は描かれてはいません。

この4つの国の戦略や計画の中で、とりわけ「②エネルギー基本計画」は、エネルギー政策の方針や目標、施策の方向性を定めるもので、気候変動対策にも大きな影響を与える計画です。

3 第6次エネルギー基本計画の概要と問題点

第6次エネルギー基本計画では、2030年の電源構成の目標値が示されています（図①）。2030年、2050年にどんなエネルギーから電気を作るのか（電源構成）は、気候変動対策を考える上でも重要な指標になります。

図①の2030年の電源構成の目標値を見ていきましょう。計画では、2030年の電源に占める再エネの割合が36〜38％となり最も高くなっています。次に原子力発電が20〜22％、天然ガスが20％、石炭が19％、水素・アンモニアが1％程度と続きます。

この目標値では、気候変動対策として有効な再エネが2019年の実績から比べて倍増し、発電時にCO_2を排出しない原子力発電も増加しています。一

方で化石燃料である天然ガスや石炭は減少していく見通しになっています。

こうして見ると再エネを増加させ、化石燃料を減らしていく政策を日本は打ち出しているように見えます。また、2050年の目標（参考値）でも、再エネが大きく増加し野心的な目標であるように感じるかもしれませんが、実は日本のこれらの目標値には次のような4つの問題があることが指摘されています。

①再エネ目標が低い

日本が掲げている再エネ目標は、2019年と比べれば増加はしていますが、温室効果ガス排出を実質ゼロにすることに向けて必要となる再エネの割合としては不十分なものです。日本の再エネのポテンシャルは非常に大きく、電力のすべてを再エネで賄うことができると言われています（P.36参照）。

民間の研究機関が発表している2050年ゼロを目指すためのシナリオでは、日本においても電力に占める再エネは2030年までに50％以上、2050年100％相当が導入できることも示されています。諸外国でも、2030年には50％以上を目指す国も少なくありません。例えばEUでは現時点で再エネ電力割合は33％程度で、2030年の目標は65％以上です。ドイツに至っては、2030年に85％、2035年にほぼ100％を目指しています。

他国の目標と比べると、日本の掲げる再エネ電力目標は決して高くはないのです。

②石炭火力発電を使い続けている

石炭火力発電の目標値を見てみましょう。石炭火力発電は、最も大量のCO_2を排出する電源です（P.52参照）。パリ協定で交わされた1.5℃（2℃）目標の達成には、先進国は2030年までに石炭火力の「フェーズアウト」（段階的廃止）が求められています。これに照らすと、日本の石炭火力の割合は現在3割を超えています。日本は2011年の福島第一原子力発電所の事故が起こった後、CO_2を大量に排出することがわかっていながら、多数の石炭火力発電所の新規建設を進めてきました。その結果、石炭火力への依存度が今も高いままです。今後についても、2030年時点で19％も残し、さらに2050年

時点でも稼働を見込んでいます。この目標値は、パリ協定の示す1.5℃目標におよそ整合しません。

　近年ウクライナ情勢の影響を受けて天然ガスが値上がりし、石炭の値段自体も過去最高を記録するなどの影響を受けています。このまま石炭や天然ガス、石油などの化石燃料に依存し続ければ、エネルギー価格の高騰や安定供給の問題をより悪化させかねません。脱炭素社会の実現とエネルギーの安定供給の両面から、脱化石燃料を進めていくことが求められています。

③現実味に欠ける原子力発電の目標値

　日本には、2011年の福島第一原子力発電所（福島原発）の事故の時点で原子力発電所（原発）は54基ありましたが、事故の後、廃炉が進み、うち24基の廃炉が決定しています（福島原発も含む）。また、事故を受けて、残った原発もすべて一旦運転を停止し、再点検の後、新たな規制基準を満たしたものだけが再稼働できることになっています。残りのうち27機が稼働申請を行っていますが、これまでに再稼動した原発は10基です（2023年1月時点）。

　2030年の原子力発電の目標は20〜22%です。これを達成するためには、稼働申請している27基すべてが再稼働し、さらには80%程度の稼働率を確保することが必要な条件となります。

　一方で原発の老朽化が進んでおり、2030年代には約半分の15基が稼働開始から40年を超えてきます。老朽化した原発を80%の高い稼働率で運転させることは、危険性を伴いますし、定期的な運転停止によるメンテナンス期間を考えると現実的ではありません。

　しかし政府は、「GX実現に向けた基本方針」（2023年2月10日閣議決定）の中で、原発依存度を低減させるという従来の政府方針を転換し、原子力発電の積極的な利用を打ち出しました。この中では原発の建て替えを進める方針を示し、革新炉開発・建設に取り組むことや、原発の運転期間を60年以上にすることができるよう方針を改めました。

　原発の運転期間は、福島原発の事故後に「原則40年、最長60年」のルールが定められていましたが、停止期間を除外することによって実質60年を超え

る稼働を可能とするものです。世界ではこれまで60年を超えて運転されている原子炉は一基もなく、国内では40年を超えた原発でも多くのトラブルが起こっていることから、60年超という運転期間は維持管理コストの増加や安全性の観点からも現実的ではありません。

　GX基本方針ではロシアのウクライナ侵攻によって燃料危機にあることを原発推進の理由に挙げていますが、革新炉開発・建設を含む原発の建て替えには数十年の期間が必要なため、ここ数年のエネルギー危機の対応にも、2030年までのCO_2削減にも貢献しません。さらに短期間で実施可能であり、将来的に最重要な対策となる再エネや省エネへの投資原資を奪いかねません。

　また、原発の再稼働には必要な対策には膨大なコストがかかり、稼働までに厳正な審査が必要とされます。稼働させることを優先させ、安全性を疎（おろそ）かにすることはあってはならないことでしょう。

　GX基本方針において原子力発電の推進はエネルギーの安定供給とカーボンニュートラル実現の両立に重要な役割を果たすとされましたが、その両立どころか、そのどちらにも貢献しない恐れがあり、現実味のない対策であると言えます。原子力発電は温室効果ガスの削減につながらないことや、過酷事故のリスクや最終処分問題を抱え、経済性についても課題を抱えています。原子力政策については、これらの現実の問題を踏まえた対応が求められます。

④イノベーションの課題

　近年、日本で積極的に進められているのが、火力発電にアンモニアや水素を混ぜてCO_2を減らす技術です。2030年の目標の中には１％ですが水素・アンモニアが、2050年には化石燃料とCO_2の回収・利用・貯留技術（CCUS）を組み合わせたエネルギー供給が登場します。しかしこれらの技術にはさまざまな課題も指摘されています。

　まず、アンモニアや水素は燃やすときにはCO_2を出さないのですが、日本で検討されている水素は、そのほとんどが天然ガスをはじめとする化石燃料から作ることを想定しています。化石燃料を原料にすれば、当然CO_2が発生します。アンモニアも同様です。つまりCO_2を出さないわけではありません。

そこでCO$_2$の回収・利用・貯留技術（CCUS）を組み合わせて、水素やアンモニアを製造するときに排出されるCO$_2$を回収し、地中に貯留して、大気中に放出されないようにすることが計画されています。同様に、化石燃料を燃やして発電する際に排出されるCO$_2$についても、CCUSで回収・貯留化することを想定しています。つまり、アンモニア・水素の利用のために化石燃料を燃やしても、排出されるCO$_2$を回収・貯留するから、脱炭素には貢献できるという理屈です。

　しかし、CCUSは、回収した後のCO$_2$を地中に埋める必要があるにもかかわらず、国内には貯留する適地が乏しいことや、そもそも、その有効性、経済性、環境影響への懸念や技術的リスクなど、多くの問題を抱える不確実な技術であり、さらに実用化のめどはまったく立っていないという問題を抱えています。

　日本が進めようとしているアンモニア・水素の燃料利用は、2030年には間に合わず、温室効果ガス排出の半減以上の削減にはまったく貢献しない技術です。しかし政府は、それらを利用することを前提に、今後も石炭火力やLNG（液化天然ガス）火力設備を使い続ける方針です。

　こうしたイノベーションへの期待は、再エネや省エネなどの必要な対策を遅れさせることにもなりかねず、技術が見込み通り実現できなかったときにはもう手遅れになってしまうことに留意しておく必要があります。

4　目標を達成するために必要な政策・施策

　ここまで日本の目標や政策の方向性を見てきましたが、ここからは目標達成のためにはどのような施策や対策が必要になるのかを考えてみましょう。

①社会全体で脱炭素化を進める仕組みが不可欠

　脱炭素化を進めるためには、政策や制度が必要です。実際、日本でも2020年に政府が「カーボンニュートラル宣言」という政策を公表したことをきっかけに、制度や基準の見直しが進んでいます。

　しかし、日本では社会全体で炭素を排出することを直接または間接的に規

制する仕組みが不足しています。

　炭素を排出する量に応じて金銭的なコスト負担をしてもらうこと（金銭的なインセンティブ）によって、排出量を抑制・コントロールする仕組みを「カーボンプライシング」と言います。CO_2を排出する量に応じて税金をかける「炭素税」や、一定規模以上の企業などのCO_2を排出する量に上限目標を課して自ら目標まで削減を進めるか、上限を超えた場合には罰金を払うか、目標を上回って削減した別の企業からその権利を購入して埋め合わせることを選択する「キャップ＆トレード型の排出量取引制度」があります。

　日本でも2012年10月から炭素税の一種である「地球温暖化対策のための税」が導入されていますが、その価格はすべての化石燃料に対し、CO_2排出量1トンにつき289円に設定されています。しかし、炭素税が導入されている国の多くではCO_2排出量1トンあたり2000円～6000円が課税されており、最も税率の高いスウェーデンではCO_2排出量1トンあたり約1万6000円の課税になっています。日本の炭素税は非常に価格が安く、排出を抑制する効果が発揮されていません。

　排出量取引制度については、日本では2005年から「自主参加型」の仕組みで取り組みが始まりました。ただし、これは参加を希望する企業が自分自身で自主的に目標値を決めて、削減した分を取り引きする経験を積むことが主な目的となっているために、国全体での削減につながりません。

　GX推進法の中で、2026年度以降に企業の排出量取引制度を導入していくことが定められましたが、自主的な仕組みであり、排出量が有償になるのは2033年ととても遅く、これから十分に削減に効果がある炭素価格になっていくのか、またそこから得られた収益を公正な形で使っていく制度にできるのかが課題になっています。

②再生可能エネルギーを優先して導入する仕組みが必要

　炭素の削減のために最重要となる再エネ政策分野では、太陽光や風力などの再エネの資源・ポテンシャルがあっても電気を送るための送電網に接続できないという問題が起こっています。

再エネ発電所で発電された電力は、基本的に電力会社（送電会社）の所有する送電線（電力系統）を経由して運ばれます。この送電線には原子力発電や火力発電などの再エネ以外の発電所も接続しています。電気を送る送電線（系統）には容量の上限があり、接続して電気を送ることのできる量は限られています。そのため新たに再エネ発電所を建設して、系統に接続しようと思っても、容量に十分な空きがないことを理由に、電力会社から接続を拒否されるケースが増えてきています。

　さらに、接続できる場合でも、系統への接続に際して過大な系統接続工事費負担金を請求され、発電事業として成立しなくなる「工事費負担金問題」も起こっています。最近、接続ルールの緩和や系統の強化も進んでいますが、未だに系統に円滑に接続できない状況は続き、日本での再生可能エネルギーの導入を妨げる大きな壁になっています。再エネの系統への接続を優先するルールの整備や、実際に再エネ発電所が多く接続することになる地域の電力系統の整備を進めることが必要です。

③省エネ基準の強化

　日本では家電や照明などの機器の省エネ化は進んでいますが、住宅をはじめとする建築物の断熱化は他国に比べて大きく遅れています。2025年から建物の断熱性能の義務化が予定されていますが、基準となる断熱性能は欧州などと比べたら低いレベルであり、クリアすべき最低基準になっています。

　カーボンニュートラルを目指すには、より高い断熱基準へと引き上げ、さらに太陽光発電の新築建築物への導入義務化などが求められます。また、断熱基準はあくまでも新築を対象にしたもので、既設の建物は対象になっていません。既設の8割が基準に達していないことからも、これらの住宅を対象にした断熱改修の実施が重要になってきます。

④産業政策としてのEVシフト

近年、世界では化石燃料であるガソリンやディーゼルで動く自動車の販売を将来的に禁止する規制が広がっています。イギリスは2035年、フランスは2040年までにガソリンとディーゼル車の販売を禁止し、電気自動車（EV）に切り替えると発表しました。EUも2035年までに内燃機関車の新車販売を禁止する方針を掲げています。日本でも2035年までに新車販売を電動車のみとする方針を発表しました。

一見すると日本も国際的な規制と同レベルであると見られますが、日本の「電動車」の定義には、電気自動車（EV）のほかにもハイブリッド車（HEV）、プラグインハイブリッド車（PHEV）、燃料電池車（FCV）が含まれています。それに対して、先に挙げた欧州諸国ではハイブリッド車やプラグインハイブリッド車も禁止されます。ハイブリッドは電気とガソリンの両方を組み合わせて走行するためCO_2を排出することになるからです。

世界の５％しかない日本の自動車市場だけでハイブリッド自動車を売っていても、日本の自動車メーカーの競争力を維持していくことはできません。気候変動政策としても、また市場環境の変化に対応していく産業政策としても、ハイブリッドを含むガソリン車の新車販売を規制し、EVシフトを速やかに進めていくことが求められています。

ここまで日本の気候変動に関する目標や政策について見てきましたが、脱炭素社会の達成のためには、今の日本の目標や方向性、政策内容では、まだまだ不十分です。2030年までの大幅削減のためには、キャップ＆トレード型排出量取引制度や再エネや省エネなどに対する集中的支援など、実効力のある、社会・経済全体に影響を与える政策を進めていけるかどうかが、今後の脱炭素社会の実現に向けた課題です。政府に変化を求めていくことと合わせて、その変化を実現するために私たちにできることを考え実践していくことが重要です。

第6章 多様な主体のさまざまな取り組み
——自治体・企業・大学・若者・NGO

非国家主体による脱炭素に向けた取り組み

気温上昇を1.5℃に抑えるというパリ協定の目標の実現には社会、経済の大きな変革が必要になります。そのための政策を決定して実行するのは国（政府）が中心になりますが、国だけでなく、それぞれの課題を抱えている自治体やNGO、民間企業、投資家など、さまざまな担い手の役割が重視されるようになってきています。

温室効果ガスの排出源となっているのは、家庭や業務、産業、運輸、発電といった各部門やそれらが立地する地域です。「非国家主体」と呼ばれる政府以外の主体が気候変動対策に積極姿勢を示すことは、国全体の排出量の削減や脱炭素社会・経済への転換を後押しすることにつながるのです。この章では国以外の主体の脱炭素に向けた取り組みを紹介しましょう。

☞ この章で学ぶこと

キーワード

非国家主体、情報公開、サプライチェーン、ESG 投資、ダイベストメント、脱炭素経営、NGO

1 自治体による脱炭素地域づくり

　地域における気候変動対策を推進することは政府（国）の役割ですが、国全体の脱炭素化を進めるためには、都道府県や市町村などの自治体・地域レベルでの取り組みも重要になります。

①気候変動対策における自治体の役割

　自治体の役割としては、大きくは2つあります。

　1つ目は、気候変動に対する独自の目標や方針を示し、自治体自らが率先して対策を実行することによって市民や事業者の規範になることです。自治体が高い目標を掲げ、気候変動対策が地域の優先課題であると示すことで地域の企業や市民の対策の後押しをすることができます。

　また、自治体が所有する建物への太陽光発電の導入や、「ネットゼロ・エネルギービル」と政府が言っているようにゼロエネルギービルディングへの建て替え（ZEB）、電気自動車（EV）の導入、再生可能エネルギー（以下、再エネ）100％電力を供給する事業者からの電力調達など、自らの事務及び事業に関することで率先的な取り組みを行い、対策の効果・有効性を示すことが期待されます。

　2つ目は、カーボンニュートラルに向けた地域の将来像を示し、市民や事業者を導いていくことです。日本は南北に長く多様な気候・地理条件があり、都市部から中山間地域、農村部、工業地帯までさまざまな地域特性をもっています。それぞれの地域でのCO_2排出実態も異なります。そのため地域特性を踏まえて、地域の将来像を描き、その実現のための効果的な施策を進めていくことが自治体には期待されます。

②自治体による非常事態宣言、カーボンニュートラル宣言の広がり

　異常気象やその被害を受けて、「気候非常事態」宣言を行う自治体が増加しています。気候変動が危機的な状態にあることを自治体として認識し、住民

に注意喚起を呼びかけるとともに、自治体としてできることを進めていくことを打ち出す宣言です。世界では2000を超える自治体が気候非常事態宣言を行っています。日本では2019年9月に長崎県壱岐市が日本の自治体としては初めてになる宣言を行ってから広がりを見せ、現在は100以上の自治体が気候非常事態宣言を行っています。

また、日本でも国がカーボンニュートラル宣言を行ったことで、脱炭素社会に向けて、2050年までにCO_2排出実質ゼロを目指すことを表明する自治体「ゼロカーボンシティ」が増加しています。これまでに宣言を行った自治体の数は934を超え、宣言自治体の人口を合わせると1億2577万人に上ります（2023年3月末現在）。

③地域課題解決と脱炭素地域づくり

近年、2050年ゼロ達成に向けて独自の政策を打ち出す地域が増加しています。東京都や京都市などの都市をはじめ、人口数千人規模の小さな自治体でも積極的に取り組み始めています。国もこうした自治体を支援するために、地域特性を活かして大幅削減に取り組むモデル「脱炭素先行地域」を2025年までに100カ所にする計画です。脱炭素先行地域では、農山漁村、離島、都市部の街区など多様な地域において、地域課題を同時解決し、住民の暮らしの質の向上を実現しながら脱炭素に向かう取り組みの方向性を示すことを目指すものです。気候変動対策を、人口減少対策や地域経済活性化につなげていくことで、地域の魅力と質を向上させる地方創生にもつながることが期待されています。

④自治体政策の波及への期待

高い目標をもって独自の政策を進める自治体の取り組みは、他の地域の手本となり波及していくことが期待されます。例えば、東京都や京都市が先行して取り組み始めた大規模事業所のCO_2排出量や対策計画を報告・公表する計画書制度は、都道府県を中心に多くの自治体に広がりました。長野県や鳥取県のように国に先行して建物の断熱性能基準を定めたり、東京都、川崎市

のように太陽光発電の設置を大規模事業者や住宅提供者に義務付ける条例改正を独自に行う自治体も出てきています。国が実施していない対策・施策が自治体から広がることによって、国の政策にも影響を与える可能性が期待されます。

⑤自治体の気候変動政策と市民参加・パートナーシップ

自治体において気候変動対策を進めていくためには、地域の主体である市民や企業、大学などと連携することが重要です。気候変動問題は幅広い分野での社会経済活動に起因していることから、その対策を進める上で利害が関係する主体も多様になります。そのため気候変動対策を行政だけで実行していくことには限界があり、関係する主体間での合意形成が不可欠になります。そのため市民や事業者をはじめとする多様な主体の参加を得る、市民参加型の対策を進めていくことが重要になってきます。

近年では自治体の排出実質ゼロを市民の立場から進める「ゼロエミッションを実現する会」が各地に誕生し、自治体の気候変動対策を進めるために、パブリックコメントの提出、署名、請願、学習会の開催などを行っています。また、「気候市民会議」と呼ばれ、無作為抽出で募った一般市民が自治体の気候変動政策について議論する新しい市民参加の方法が各地で始まっています（P.90参照）。自治体においては、こうした市民の意見を地域の政策に反映し、社会参画を促していくことが求められるようになっています。

2 企業と気候変動問題

2016年のパリ協定発効によって、民間企業や金融機関などがカーボンニュートラルの達成を主導する動き（イニシアティブ）が世界的な広がりを見せています。これらの背景には気候変動対策の失敗が経済に与える影響を懸念する声があります。

世界各国の名だたる企業の経営者を中心に構成される「世界経済フォーラム」が、2022年に発表した「グローバルリスク報告書2022年版」では、世界

の経済界で今後10年でのリスク認識が高いものとして、1位に「気候変動対策の失敗」、2位に「異常気象」が挙げられました。このほか環境関連分野のリスクとして、3位に「生物多様性の損失」、7位に「人間による環境被害」、8位に「天然資源の危機」が挙げられています。

　このように経済界においても環境関連リスクへの対応が重要視され、企業において気候変動は大きなリスクであり、同時に、対応していかなくてはならない課題として認識されるようになっています。

①企業の気候変動対策とサプライチェーン

　意欲的な企業では高い目標を掲げて、工場や建物での省エネの推進や再生可能エネルギー電力の利用、電気自動車（EV）への切り替えなど独自の対策を行っています。しかしながらこうした企業はまだ少なく、多くの企業、とくに中小企業にとっては気候変動対策の優先度は低く、十分な対策が進んでいません。また、多くの業種では、1つの製品を製造・流通・販売する過程で、たくさんの企業が関わりをもっています。これを「サプライチェーン」と呼びます。とくに大きな企業になれば、数百〜数万種もの製品を製造しており、世界中からたくさんの部品を集めてそれらの製品の製造を行っています。そのため部品供給を担うサプライヤーと呼ばれる企業も世界中に存在し、これらの企業がどのようにして部品製造を行っているのか、原材料を調達しているのか、そのすべてを把握し、対策を求めていくことは決して簡単なことではありません。

　一方で世界の温室効果ガスの50％以上を、食品、建設、ファッション、日用品、電子機器、自動車、サービス、物流の8つのグローバル・サプライチェーンで占めていると言われています（出所：ボストンコンサルティンググループ分析）。これらの排出量のうち、最終の製造過程で排出される割合はごく一部で、そのほとんどは原材料や農業、物流などが主な要因になっています。

　こういったことからも企業での気候変動対策は、自社内だけで完結するものではなく関わりのあるサプライチェーン全体で考えていくことが必要であり、重要な対策になってきます。

②サプライチェーンでの気候変動対策を進める動き

　そこで民間主導でサプライチェーンでの気候変動対策を進める国際的な動き（イニシアティブ）が始まっています。代表的なものが「SBTi（Science Based Targets Initiative）」と「RE100」です。

●サプライチェーンでの目標達成を求めるSBTi

　「SBTi」では、企業の温室効果ガス排出量の削減目標を、気温上昇が「2℃を十分に下回る」、または「1.5℃未満に抑える」という、どちらかの基準に見合った目標に設定し、それを達成していくことが求められます。温室効果ガス排出量の範囲も、次の3つのレベルに分類して把握、削減することを求めています。

　スコープ1：事業者自らによる温室効果ガスの直接排出（燃料の燃焼、工業プロセス）
　スコープ2：他社から供給された電気、熱、蒸気の使用に伴う間接排出
　スコープ3：スコープ1・2以外の間接排出（事業者の活動に関連する他社の排出）

　スコープ3では、自社のエネルギー使用や排出だけでなく、事業に関連する他社の排出、つまりサプライチェーンでの排出量の把握と削減を求められることになります。サプライチェーンでの排出の把握は困難ですが、きちんと取り組むことで、気候変動に責任をもって取り組む企業であるという信頼が得られ、それによって投資家や消費者にもアピールすることができるようになります。

　またSBTiでは一旦認定を受けた後も、定期的に排出量と対策の進捗状況の報告を行い、その妥当性を確認することになっています。そのため加盟企業の中長期にわたるCO_2削減の達成が期待できます。

●再エネ100％を目指す大企業のイニシアティブ「RE100」

　RE100は企業経営に必要なエネルギーを再エネ100％で賄うことを宣言す

るイニシアティブです。近年「RE100」に参加する企業の数も増加し、現在までに金融、IT、製造業を中心に世界の大企業400社以上（2023年 4 月末時点）が加盟しています。RE100に加盟するためには、今後事業活動で消費する電力の100％を、遅くとも2050年までに再エネに転換することを提示する必要があります。RE100メンバー企業のうち75％は2030年までに100％達成を目標にしています。さらには2020年時点で53社が100％目標を達成しています。100％目標を達成した企業には、MicrosoftやAppleやGoogleなどがあります。こうした状況を見ると、再エネ100％は実現可能で、遠い将来の目標ではなくなってきています。

　日本でもRE100に加盟する企業が増えています。リコーが2018年2月に日本法人としては初めてRE100への加盟を宣言したのを皮切りに、大和ハウス、アスクル、積水ハウス、イオンなどがそれに続き、2023年 5 月時点で80の日本法人が参加しています。

　RE100加盟企業では、現在の取り組みの範囲は自社ビルや自社工場にとどまっていますが、最終的にはサプライチェーン全体で転換していくことが求められるため、今後は直接的にはRE100の対象にはならない部品供給などを行うサプライヤーや取り引きを行う中小企業にも広がっていくことが予想されます。

　RE100は大企業を対象としたイニシアティブですが、日本では大企業だけでなく中小企業や大学、自治体、市民団体などでも参加可能な枠組みとして「再エネ100宣言 RE Action（アールイーアクション）」の動きが広がりつつあり、2023年 4 月時点で320団体が参加しています。

　今後これらの多様な主体によるイニシアティブが、脱炭素社会・再エネ100％社会の実現に向けて大きな役割を果たしていくことが期待されています。

3 脱炭素に向かうお金の流れ —— ESG投資、ダイベストメント

①企業に影響を与える金融

　企業の動きを牽引しているのが、金融機関・機関投資家による脱炭素を志向する資金の流れです。企業が新たな事業を始めるためには、資金が必要になります。必要になる資金は自社で一部負担もしますが、その大部分は出資者を募って集めたり、銀行からの融資を受けることで、必要な資金を調達しています。つまり企業にとってたくさんのお金を出してくれる投資家や銀行などの金融機関は、非常に大きな影響力をもつ存在になるわけです。

　とくにパリ協定（2016年発効）以降は、こうした企業に影響力をもつ金融機関や投資家が、気候変動対策を行わないことを経済的なリスクとして捉えて、企業の評価を行うようになっています。環境・社会・ガバナンスへの長期的な視点をもった投資「ESG投資」は、2018年から2020年までの２年間で15.1％増加し、2020年は35兆3010億米ドル（約3900兆円）にもなっています。日本でも投資全体に占めるESG投資の割合は、2016年3.4％だったのが、2020年には24.3％にまで上昇しています。

　このようにESG投資が活発になり、気候変動対策に前向きな企業にお金が集まるようになり、逆に対策に後ろ向きな企業は＝ESGに配慮しない企業＝将来性がない企業として認識されることになり、金融機関や投資家からのお金が集められなくなってきています。

②化石燃料からのダイベストメント

　ESG投資の一環として、非倫理的または道徳的に不確かだと思われる株、債券、投資信託を手放す行動「ダイベストメント（投資撤退）」が広がりを見せてきました。なかでも化石燃料関連企業から、投資資金を引き上げる動きがあります。

　海外では投資家や債権者が、企業が化石燃料関連事業を行っているかどうかを判断基準として投融資を中止・撤退する方針を発表しています。実は日

本の企業もこうした投資撤退の対象になっています。

　日本の年金基金に次いで世界2位の規模をもつノルウェー政府年金基金（GPFG）では、2015年に基金が保有する石炭関連株式をすべて売却する方針を決めました。これに伴い石炭火力の割合が高い日本の北海道電力、四国電力、沖縄電力、中国電力、Jパワー（電源開発）が、投資撤退の対象企業となり資金を引き上げられています。

　ダイベストメントを宣言した金融機関・機関投資家の数は2022年末までに1500を超え、その資産総額は約40兆米ドル（約5200兆円）にもなります。ダイベストメントされる企業にとっては、株価の下落や、新規の融資が拒否されるといったデメリットが生じ、企業経営に深刻なダメージを与えることことにもなりかねません。そのため企業には、化石燃料事業からの転換や積極的な気候変動対策の実施が求められることになります。

4　企業に脱炭素を求める株主提案の広がり

　株や債権を手放すダイベストメントのほかに、株主としての権限を行使して金融機関を含めた企業の脱炭素化を求める「株主提案」の動きも広がっています。企業の株主総会では、一定数の株を保有する株主には提案を行う権利が与えられています。この権利を行使して、企業に気候変動対策を求める株主提案が増加し、2020年の気候変動（脱炭素）に係る株主提案は2019年と比較して2倍以上増加していると言われ、こうした株主提案に対する賛成票の割合も平均34％（2019年：26％）と高くなってきています。

　日本でも2021年6月のみずほフィナンシャルグループの株主総会で、日本初となる気候変動に関する株主提案が環境NGO「気候ネットワーク」によって行われました。株主提案は否決されたものの、海外の機関投資家を中心に賛同を集め株主の34.5％からの賛同票を得ました。2021年以降も気候ネットワークやマーケット・フォースなどの環境NGOが三菱UFJフィナンシャル・グループや住友商事、三菱商事、東京電力、中部電力などに同様の株主提案を出し、一定の賛成率を得ています。

これらの提案はいずれも否決されていますが、各社は株主提案を完全無視することはできなくなり始めており、株主提案が出た後から総会開催までの間に、気候変動対策関連の発表をするなどの対応をとるようになっています。

5 カーボンニュートラルを目指す大学

大学は、大規模なCO_2排出事業者であることや教育機関としての重要な拠点であること、さらには国や地域、企業などと連携して気候変動に関する研究成果の社会実装など、脱炭素化のため重要な役割を担っています。

①大学キャンパスの脱炭素化

日本でもカーボンニュートラル宣言を行う大学の数は増加傾向にあり、こういった大学同士の連携・ネットワークも作られるようになってきています。千葉商科大学では、電気とガスを含めたキャンパスの総エネルギー消費量に相当する再エネ発電による「自然エネルギー100％大学」を目指す取り組みを進めています。キャンパスでの省エネ活動を進め、2019年には消費電力相当量を太陽光発電によって発電することができました。現在は2023年までにキャンパスで使用するエネルギー消費量相当を、再エネ発電量が上回ることを目指して取り組みを進めています。

龍谷大学では研究開発プロジェクトの成果をもとに、太陽光発電による利益を地域活性化のために還元することを目的とした地域貢献型メガソーラー「龍大ソーラーパーク」に取り組んでいます。これまでに和歌山県印南町（1200kW、600kW）、龍谷大学深草キャンパス（50kW）、三重県鈴鹿市（3833kW）、兵庫県洲本市（1705kW）に合計7388kWの太陽光発電を設置しています。今後、龍谷大学では2024年までに再エネ電力100％、2039年までにキャンパスでのカーボンニュートラルの達成を目標に掲げるとともに、京都市と連携して脱炭素地域づくりを支えるグリーン人材育成拠点となることを目指すとしています。このほか、各大学では大学自体の脱炭素化の推進、人材育成の取り組みが進められています。

②再エネ100、カーボンニュートラルを目指す大学ネットワーク

　こうした取り組みを進める大学のネットワークとして、2021年6月には再エネ100%を目指す大学によって構成される「自然エネルギー100%大学リーグ」もスタートしました。千葉商科大をはじめとする首都圏の6つの大学（足利大学、和洋女子大学、東京外国語大学、上智大学、千葉大学）と長野県立大学、名古屋大学、立命館大学、広島大学の合計10大学が加盟し、再エネ100%大学の普及やフォローアップを行っています。このほか、カーボンニュートラルに向けた情報共有や発信などの場として「カーボン・ニュートラル達成に貢献する大学等コアリション」が、文部科学省、経済産業省および環境省による先導のもと発足し、全国180以上の大学・機関が参加しています。

6　若者による気候変動ムーブメント

　世界では気候変動対策の強化を求めて声を上げる若者たちの運動が広がっています。2018年、スウェーデンに住む当時15歳だったグレタ・トゥーンベリさんが、スウェーデン政府の気候変動に対する行動の欠如に抗議して、2週間学校を休んで、国会前に座り込む活動を始めました。たった一人からスウェーデンで始まった彼女のアクションはSNSなどを通じて広がり、参加する人たちが日に日に増加していくことになりました。

　金曜日には学校を休んで抗議活動を行う彼女の活動「Fridays For Future（未来のための金曜日）」は、多くの若者の共感を呼び、世界的な広がりを見せています。日本でも同様にFridays For Futureの運動が始まり、日本各地で若者グループが生まれています。

　また各地域で若者グループや地域の市民団体によって自治体に対して気候非常事態宣言を採択することや、気候変動対策を強化することを求める署名活動、議会での請願活動が行われるようになっています。このほかにも、学生が主体となって学校や大学から行動を起こし、白馬高校のように、実際に

大きな変化をもたらした事例が出てきています（P.85参照）。

7　NGO、若者、市民が変える社会

　排出実質ゼロを目指す動きは、世界中で年々広がりを見せていますが、とくにCO_2を実際に排出している地域や企業、団体がカーボンニュートラルを目標にして取り組みを進めることには、大きな意味があります。多くの国が排出実質ゼロを2050年の目標として発表していますが、削減する行動をとるのは、自治体や市民、企業、大学をはじめとする主体になるからです。逆に言えば、国の目標や政策が不十分な中でも、非国家主体が排出実質ゼロを目指して取り組みを進めれば、削減を進め、国にも大きな影響を与えることが期待できます。

　こうした動きを生み出す背景には、市民団体やNGO、若者グループなどの市民セクターの存在があります。市民セクターには、大企業のような莫大な売上や資金力があるわけではありませんが、専門性を活かして国や自治体の政策に対する提言・提案を行ったり、ネットワークを活かして世論を喚起したり多くの人の行動を求めるキャンペーン活動を行うことで、気候変動問題の解決に貢献することができます。

　SBTiやRE100などの事務局を務めているカーボン・ディスクロージャー・プロジェクト（CDP）は、NGOとして企業に対して気候変動への戦略や具体的な温室効果ガスの排出量に関する情報の公表を求める活動を行い、その結果を評価して世界に公表することで投資家たちの行動に影響を与えています。

　株主提案についても、日本で初めて気候ネットワークが行ってから、日本でも気候変動に関する株主提案の件数も増加し、機関投資家にも金融機関にも影響を与えるようになりました。

　日本でもグレタ・トゥーンベリさんのFridays For Future運動が、1つのムーブメントになり、その結果、地域の気候変動対策にも影響を与えるようになってきています。世界中、日本中でさまざまな立場の人々が、気候変動

を止めるために、アクションを始めています。そしてそれは小さいながらも確実な変化を生み出し始めています。これからこの変化をより大きなうねりにしていくためには、もっと多くの人が関わり、大きな取り組みに広げていく必要があります。

白馬高校の事例

　長野県白馬村では、少人数の高校生の行動から大きな動きに発展した事例があります。最初は地元で気候変動に関心が高い人たちが、地域のボランティア活動に参加した白馬高校の生徒たちに声をかけたことから始まり、高校生たちが自分たちのアクションとして活動に参加するようになりました。

　白馬高校の生徒たちは東京で行われる「グローバル気候マーチ」に参加しようと予定したのですが、テストと重なり参加が叶いませんでした。そこで彼らは独自の「グローバル気候マーチin白馬」を企画、約120人の参加者が集まり、マーチは大成功を収めました。このことが後日、白馬村が「気候非常事態宣言」を出すきっかけにもなりました。

　この成功体験から、「気候変動による難民救済目的のチャリティーバザー」やスキー場でのグローバル気候マーチ（リフトを自然エネルギー由来の電力で動かすなどの企画を同時開催）の開催や、校舎のエネルギー効率改善のために断熱材を設置するワークショップの実施などが成功裡に行われ、その後、白馬村では事業にまで成長しています。こうした取り組みによって、気候変動に関心をもつ地域の人たちとのネットワークが作られています。

第**7**章 持続可能な社会の姿と私たちにできること

公正で公平な世界とは？

　視野を広げて社会の未来を考えてみると、すべての人が健康で幸せに暮らせる、紛争がなく平和で安全に暮らせる、経済的に安定し衣食住が充足している、そうしたことが満たされていることが必要です。また、美しい自然があり、多様な文化・アイデンティティが育まれれば、豊さが育まれます。さらに人種、民族、国籍、居住地、宗教、肌の色、性別、性的指向、ジェンダー、年齢や能力などにかかわらず多様性や声が尊重されることが、誰も取り残さない社会のあり方には重要です。

　幸福な社会を実現していくためのこれらの視点は、脱炭素社会の実現にもつながるテーマです。脱炭素社会の実現のためには、一人ひとりが気候変動に関する基本的な知識を得ることに加えて、脱炭素社会を達成するという確信と具体的な方法についての考えをもつこと、そして社会変革に向けた行動につなげていくことが必要なのです。脱炭素社会の実現と、その先にある「生命や健康・安全、文化的な生活を守る」「公正で公平な世界」の実現のために自分たちにできることを考えてみましょう。

☞ **この章で学ぶこと**

キーワード

社会変革、システムチェンジ、市民活動、選挙、アクション、キャリア

1 社会変革の必要性

　今、私たちの社会は紛争、貧困や格差、差別や生きがいの喪失など、多くの問題に直面しています。化石燃料を利用し続けて作り上げてきた経済社会が持続可能性を失っているのは明らかであり、これから持続可能な未来の実現に向けて、社会の抜本的な変革が必要であることは疑う余地がないでしょう。

　気候変動に関する科学は大幅に進歩し、その原因や影響、対策の必要性やタイムライン（いつまでに、何をどれくらいする）も明らかになってきました。現在の社会は複雑ながら一定のシステム（制度やルール、慣習や常識など）の下で動いていますので、それらを変えることは難しいと思えるかもしれません。とりわけ、「社会変革」というと壮大で遠いものであって、自分には関係ないことと感じるかもしれません。

　確かに一人だけでは変えられないことも多いですが、一人ひとりが動き出すことがなければ、大きな変革も起こりえません。誰かが行動することで周りの人に気づきを与えたり勇気づけたりし、地域、企業、ひいては自治体や政府、国といった大きな組織に変化をもたらすことができます。

　気候変動への取り組みで今求められているのは、一人ひとりが社会の構成員として、変革に向けた行動をとることです。まずそれぞれが基本的な知識を得て、これから向かうべき未来のビジョンを描き、協力しながら行動を取り始めることが必要です。

● 私たちが社会との関わりの中でできること

　ここで紹介するのは、CO_2を削減するために、個人として家庭などでできるこまめな省エネ行動（節電やごみの削減など）の奨励ではありません。より大きな「社会変革」につなげるために私たちにできることに注目したいと思います。

　個人では変えることが難しいと思える大きな問題でも、社会の変化につながるさまざまな行動があり、そこにチャレンジしていくことが重要だからで

す。もちろん以下の項目は完全なものではありません。今何が必要なのか、情報収集しアップデートをしていくことが大切です。

2 市民としてできること

私たちが暮らす町や地域コミュニティで実践する行動は、比較的始めやすくとても効果的です。

● 選挙で投票する

日本は民主主義国家で、選挙は国民が主権者として意思を政治に反映させるための最も重要で基本的な方法です。日本における選挙は、国会議員（衆議院議員と参議院議員）を選ぶ国政選挙と、都道府県知事や都道府県議会議員、市区町村長、市区町村議会議員を選ぶ地方選挙の2つに大きく分けられます。年齢制限はありますが、性別、地域や収入などの条件に関係なく、国民ひとり一票の選挙権が公平に与えられています。

2016年からはより若い世代の声を反映させるため、それまで満20歳以上だった選挙権が満18歳以上に引き下げられました。しかし、これまでのところ、若年層の投票率は高齢層と比べて低く、2021年の衆議院選挙では、全世代平均が56％の中、20歳代が一番低く37％、次いで10歳代が43％と2番目に低くなりました。参議院選挙の投票率は衆議院選挙よりも全世代平均してさらに低いですが、やはり若者世代の投票率がより低い傾向にあります（図①）。

このような現状では、選挙で当選したい政治家は、票を取りやすい層、つまり人数が多く投票率が高い高年齢者層に向けたメッセージを強化し、そのニーズに応えるような政策を増やすことになります。投票を通じて意思表示しない若年層の意見は、政治に反映されにくいでしょう。

気候変動は今の世代の決断が未来の世代に大きな影響を与える問題です。あらゆる世代がこれからのことを考え、選挙で投票し、これからを生きる世代のために今必要な対応を政治に反映させていくことは、持続可能な社会を

図①　衆議院議員総選挙における年代別投票率（抽出）の推移

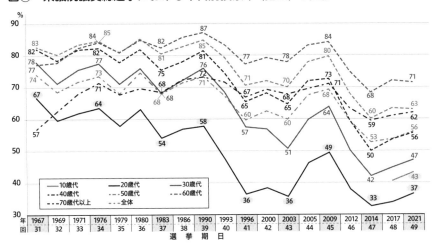

出典：総務省「国政選挙における年代別投票率について」を元に作成

　作っていく上でとても重要です。

　選挙で注目される論点は、時々の政治情勢で毎回変わりますが、党のマニフェスト（選挙公約）や候補者の掲げる主張を基に慎重に判断することが必要です。近年では多くの党が脱炭素社会実現に関わる要素をマニフェストに入れていますが、排出量の削減目標や達成時期、具体的な施策の有無など、その程度にはばらつきがあります。最近では、選挙前になると多くのメディアやNGOなどが各党のマニフェストを比較するサイトや表などを公開していますので、比較の参考になるでしょう。

　実際には、候補者が気候変動についてどのような関心をもっているのかはなかなかわかりにくく、いい候補者がいない、判断ができない、ということもあるでしょう。それでも投票をしないことには始まりません。私たちの望む政治を実践する候補者を多く生み出していく上でも、投票行動を通じて、政治家の動きに関心をもっていると伝えていくことが重要です。候補者に質問や要望を伝えたり、周りの人に情報をシェアしたり、投票を促すのも有効です。

・投票する

・各党や候補者のマニフェスト（選挙公約）や主張について調べる

・候補者に質問したり、要望を伝える

・周囲の人への情報共有・投票の呼びかけ

気候市民会議の紹介

　選挙で投票することは私たちが今の制度の中でできることですが、現行の政治システムではさまざまな原因から市民の声が反映されていないという意見もあります。例えば選挙区による一票の格差や、死に票の扱い（投票しても反映されない声が多い）などの問題があります。

　さらに、より一歩踏み込んで公平に市民の声を拾うための新たな取り組みも始まっており、その１つに「気候市民会議」があります。無作為抽出（ランダムに選ばれる）で集まった一般市民が気候変動対策について話し合う会議で、ヨーロッパでは2015年のパリ協定以降広く開かれるようになりました。

　日本でも、2020年11月に北海道札幌市で「気候市民会議さっぽろ2020」が開かれ、４日間にわたり一般市民が議論した脱炭素社会の実現への取り組みが札幌市に対して提言されました。札幌市は翌年３月に策定した気候変動対策行動計画にこの結果を反映しています。その後、川崎市、武蔵野市なども同様に取り組み、最近では、大学として龍谷大学が学校版の気候市民会議を実施しました。市民の声を拾い上げ直接的に行政に届ける手法として、これからさらに広がることが期待されています。

●自分の住む自治体の取り組みを促進させる

日本は2020年に「2050年カーボンニュートラル宣言」とともに「気候非常事態宣言」を決議しました。その後、多くの自治体（都道府県や市区町村）が独自に「気候非常事態宣言」を表明しました。ゼロカーボンシティに名を連ねる自治体は800を超えています。

日本の政治主体の最小単位である市区町村は、多くの人にとって最も身近な存在です。実際に生活する地域では、脱炭素への取り組みの現状なども把握しやすく、意見を出すことも比較的容易です。

まずは自分の住む市区町村の状況についてホームページなどで調べてみましょう。「地球温暖化対策の推進に関する法律」に基づいて、自治体は「地方公共団体実行計画」を策定することが定められています。多くの市区町村がこの計画や説明資料を発表しています。

また、地域の脱炭素の取り組みを行っている組織やグループがあるか調べてみましょう。例えば、ゼロエミッションを実現する会は全国で横断的に情報交換や自治体への働きかけなどを行っていますし、地域に根差した活動をしている団体は多くあります。身近に同じような関心を持つ人たちや団体と地域でつながれば、情報の交流によって、自ら自治体の取り組みを調べなくても、さまざまな情報を学んでいくことができます。

現状がわかったら、自治体に改善してほしいことやもっと意欲的に取り組んでほしいことを伝える方法がいくつかあります。特定の条例制定時や大規模な開発をするときなど、自治体が市民の声を広く問うため「パブリックコメント」を募集しているときに意見を提出するのは代表的な方法です。請願書や署名を提出する、実行計画策定時などの公募の委員になる、議会傍聴をする、自治体や議員に質問する、などの方法もあります。より身近な問題について、公民館などにある投書箱やサイトのご意見ページから、直接意見や質問を送ることも簡単にできる行動の1つです。直接返答がもらえることも多いので、そこからまた新たな取り組みに広げる機会が生まれるかもしれません。

自治体への働きかけの行動の例

・パブリックコメントを書く

・請願書や署名を提出する

・実行計画策定時など（公募）の委員になる

・議会傍聴をする

・自治体や議員に質問する

・投書やご意見ページから意見や質問を送る

● NGO・市民団体などから情報を取り、活動に参画する

　世界中、日本中で、さまざまな団体が気候変動対策や関連する課題解決に取り組んでいます。その多くはNGO（非政府組織）やNPO（非営利組織）、また地域に根差した市民団体や任意団体などです。その活動は、温室効果ガス削減、脱石炭や再生可能エネルギーの普及などのエネルギー転換、気候変動教育、地域の生態系保全、ゴミの削減など、多岐にわたります。実際に市民による小規模な再生可能エネルギーの導入を実現している団体も多くあります。政府やニュースだけではわからないさまざまな情報を発信してくれるのもNGO・市民団体です。高校生や大学生がボランティアやインターンをする機会もあります。

　また、町内会、地域運営組織、青年団体、文化団体、宗教団体なども身近で活動していることがあるでしょう。もし自分自身に何か特定の社会問題や活動への関心や、地域やコミュニティとのつながりがあるのなら、このような団体の活動に参画することは、一人で何かを始めるよりも取り組みやすく、その成果も大きく、仲間ができて楽しく取り組めるかもしれません。イベントに参加する、ボランティアやプロボノ（職業の専門性を活かした活動）として団体の活動を支援する、資金や物品の寄付などで間接的に支援する、など、さまざまな関わり方があります。

　すぐにどうやって動いたらいいかわからない場合は、いくつか関心をもった団体のSNSをフォローしたり、無料のニュースレターを購読したり、オンラインセミナーに参加したりして、まずは情報を受け取ることから始め、賛

同することがあったら「いいね」を押したり署名したり、会員になって応援したりと、できることを増やしていくといいでしょう（P.124〜127参照）。

NGO・市民団体に関する行動の例

・情報収集（SNSをフォローする、ニュースレター登録をする）
・セミナーやイベントなどの活動に参加する
・署名やアクションなどの企画に参加する
・ボランティアやインターン、スタッフとして携わる
・プロボノ（職業の専門性を活かした活動）として支援する
・会員としてのサポートや資金や物品の寄付などで支援する

● 若い世代として動く──若者主体の活動に参加する

　気候変動対策の強化を求めて声を上げる若者たちの運動が世界中に広がっています。若い世代の行動が日本でも広がっていますので、フォローしたり、応援したり、また参加したりすることができます。家族、友人、クラスで話題にしたり、関心を持つ先生や、他の学校、学校以外の組織（関連するテーマに取り組むNGOなど）、PTAなどに学校での取り組みについて提案したり相談したりしてみるのもよいきっかけになるかもしれません。

3　職業・キャリアを通じてできること

　仕事とは、収入を得て生活を支えるだけでなく、社会との関わりや意義・やりがいも与えてくれるものです。職業やキャリアを通して、私たちは所属する組織だけでなくそれを超えて、お客さんや取引先、関連組織はもちろん、地域や国、ひいては世界全体への影響力をもっています。例えば食べ物やエネルギーなど、生活に身近なものを1つ考えるだけでも、非常にたくさんの人の仕事が関わっています。

　今後、気候変動の影響で、現在ある仕事の多くがなくなったり、変わったりし、逆に新しい仕事が生まれたりすると言われています。2019年に国連は、

1.5℃気温上昇した社会では2030年までに世界で4300万もの仕事が失われると推計しました。他方、未来の持続可能な社会を作る一助となるような新しい職業やキャリアを作り、前向きな選択肢が創出される機会にもなっています。近年では気候変動対策に積極的に取り組むスタートアップ企業など、先進的な取り組みにより就職先として人気の出ている組織もたくさんあります。

　気候変動がすでに起きている中で、程度の差はありますが、あらゆる仕事はその影響を受けます。職業やキャリアを通して、サステナブル（持続可能）な未来の実現に貢献していくために、過去の常識に縛られず、今現実に何が起きているかを正しく把握し、課題解決に向けた未来の道筋をクリエイティブ（創造的）に、柔軟に描く力が必要となります。

①既存の仕事への影響 ──「公正な移行」の必要性

　気候変動対策によって、さまざまな分野の仕事や働き方は大きく変わっていきますので、対策を推し進めながら、新しい状況や体制にも十分に備えて対応していくことが必要になります。

● 気候変動対策や環境保全の観点から減らすべき仕事

　気候変動を引き起こす原因が化石燃料に依存した人間の営みである以上、温室効果ガスの排出や環境汚染を最小限にするために、今後減らしていくべき仕事が多くあります。資源搾取型・汚染度の高い化石燃料に依存した火力発電や、生命に関わる安全上のリスクをもつ原子力発電など、一部のエネルギー産業はその代表的な例です。

　そのほかにも、使い捨てや無駄なものの購入を促進するようなファッションなどの消費財産業、フードロスを大量に生む食品流通、そしてあらゆる産業に関わるパッケージング（包装）や物流など、現行の仕組みに大幅な転換を求められている産業も少なくありません。また、私たちは現代の便利な暮らしに慣れていますが、過剰な長時間営業や労働者の長時間労働に支えられる産業は、エネルギーの浪費だけでなく労働者の心身の健康を害します。本

当に必要なのか考え直すべき仕組みや習慣はほかにも多くあり、持続可能な社会の実現のためには多くの仕事が変わっていかなくてはなりません。

　実際に、脱炭素社会への移行によって、電力、鉄鋼、自動車など一部の産業ではすでに大きな影響が出ており、転換を余儀なくされています（表①）。例えば石油・石炭・天然ガスなどを扱うエネルギー関連企業では、化石燃料の使用を禁止されたり、制限されることは事業の存続の危機につながります。自動車産業では、これまで製造してきたガソリン・軽油などの自動車から、走行時にCO_2を排出しない電気自動車（EV）に転換することは、あらためて技術体系、車体設計、製造体制、サプライチェーン構造、人材などを見直していくことが必要になり、そのためには多くの投資を必要とします。また、これまでのガソリン車を作っていた工場などが閉鎖されることにもなります。

　とくに、化石燃料関連産業およびエネルギー集約型産業の企業やそこで働く労働者は影響を受けることとなります。2016年度のデータを分析した研究では、それらの産業で働く従業員数は約15万人、そこで生み出される付加価値の総額は4兆円を超えると推計されています。

表①　国内での脱炭素社会への転換に伴う影響例

部門	地域	内容
電力	山口県宇部市	電源開発が宇部興産との共同出資での建設を予定していた山口県宇部市の石炭火力発電所の計画の取りやめを発表。
鉄鋼	広島県呉市、和歌山県和歌山市、茨城県鹿島市、千葉県君津市、福岡県北九州市	日本製鉄が国内の高炉5基を休止の後に閉鎖し、国内に立地する高炉を15基から10基に削減すると発表。
自動車	栃木県真岡市	ホンダが栃木県真岡市にあるエンジン製造工場を2025年に閉鎖すると発表。

このような脱炭素社会への移行の中で、誰もが取り残されず生活を営み続けられるように、労働者の仕事と収入を確保していくための政策が重要になります。こうした取り組みは、「公正な移行（ジャスト・トランジション）」と呼ばれます。日本は過去の炭鉱閉鎖に伴い20万人以上の離職と移行を経験し、その際には4兆円の財政支出を実施しています。こうした経験も踏まえながら、個々の企業だけでなく、それらの産業に依拠した地域についても脱炭素への移行を円滑に行えるように支援していくことが必要になります。

　世界各地でステークホルダーとコミュニティの声を聞きながら、脱炭素社会への公正な移行を計画し、実行する動きが起こっています。次ページコラムでは、すべての関連コミュニティがプロセスに参加して作成したニュージーランドのタラナキ地方の公正な移行計画「タラナキ2050ロードマップ」の事例を紹介します。

● 気候変動や自然環境悪化の影響を受けやすい仕事

　気候変動の影響を受けやすく現行の仕組みが立ち行かなくなる仕事もたくさんあります。国際労働機関（ILO）によると、日本を含むG20諸国における雇用の約3分の1は、健全な環境の効果的な管理と持続可能性に直接依存しているとされています。気候変動や自然環境悪化は、すでに雇用や労働生産性に悪影響を与えており、こうした影響は今後数十年でより強くなると予想されています。天然資源に密接に関わる第一次産業ではその影響はとくに顕著で、例えば農業ではその地域で育てられる作物や時期の変化や品質低下、漁業では海水温の上昇や海洋汚染による水産資源の枯渇などがすでに起きています。ほかにも、食品生産・加工・流通全般やワイン製造、季節型スポーツを含む観光業なども気候変動の影響を受けやすいとされています。さらに、気候変動による集中豪雨、洪水、大型台風、猛暑や寒波などの自然災害の増加や激甚化に影響を受ける仕事は産業を問わず多くあります。これらの仕事の安定化のための対応、新しい産業への移行が速やかに行われるよう対応することも重要です。

公正な移行 —— ニュージーランドのタラナキ地方

　ニュージーランド北島の西部、先住民マオリの聖地でもある活火山タラナキ山周辺のタラナキ地方は、人口12万人ほどで、炭素集約産業に依存した地域でした。「参加することが強さにつながる」という信念に基づき作成された公正な移行計画「タラナキ2050ロードマップ」は、28のワークショップに1000人を超える住民と７つのステークホルダー団体（地方政府、中央政府、イウィとマオリ〈先住民族〉、教育、ビジネス、労働、地域社会組織）が参加し、誰も置き去りにすることなく、地域経済を活性化し、温室効果ガス排出を削減するために地域に最も適した産業を明らかにすることを目指して議論が行われました。また、次世代の人々が自分たちの未来の計画を作ることができるように、若者向けワークショップも開催されました。

　その後、これらのワークショップの結果が公表され、1000人超の住民から寄せられたフィードバックに基づいてロードマップが改定されました。フィードバックでは、とくに脆弱なコミュニティや若者の参加が奨励されました。タラナキのすべての学校にフィードバックを提供するよう呼びかけ、さらに学生には資料を持ち帰って家族と話し合い、オンラインツールを使ってフィードバックを提出するよう奨励されました。タラナキのコミュニティは地域の脱炭素化のための包括的な長期計画を作っただけでなく、一から作り上げた自分たちの未来についての公正なビジョンも作り上げたのでした。

公正な移行計画づくりに貢献した若者

②持続可能な社会に必要な仕事
── グリーンジョブ

　今後、持続可能で暮らしやすい社会を作る上で必要とされる仕事にはどんなものがあるでしょうか？　気候変動対策や環境保全につながる仕事、もしくは災害対策など気候変動の影響への適応に寄与する仕事へのニーズは高まっていくでしょう。それ以外にも、人間や他の生物が健全で幸福に暮らせることをサポートするような仕事も、持続可能な社会には必要でしょう。例えば人間を含む生き物・生態系をケアし、健康や安全を守る、平和な社会や暮らしやすい地域コミュニティを作る、質の高い教育、文化や芸術の保全・創出など、今後より必要とされる仕事には、多様な可能性があります。

図②
ILOによるグリーンジョブの定義

出典：ILO: What is a green job? を元に作成

　とくに気候変動対策・環境保全の観点からILOが2007年に提唱した、「グリーンジョブ」の定義では、「働きがいのある人間らしい仕事」「環境にやさしいプロセスにおける雇用」「グリーンな製品およびサービスの生産における雇用」の3つのすべてを満たすもの、とされています（図②）。

　さらに、ILOは次の5つを「グリーンジョブ」の領域にしています。

①エネルギー効率と材料効率の改善

②温室効果ガスの排出制限

③廃棄物や汚染の最小限化

④生態系の保護および回復

⑤気候変動の影響に適応するための支援

これらの領域は農業、製造業、研究開発、管理業、サービス業など、さまざまな産業や役割にあてはまります。

　米国で、2020年から2030年に増加が見込まれているグリーンジョブには、環境科学や保全に関する科学者やエンジニアなどの専門家（健康・衛生を含む）、太陽光や風力タービン技術者などが上位に入っています（米国労働省労働統計局）。

　さらに、再生可能エネルギー関連の雇用は、IRENA（国際再生可能エネルギー機関）の統計が2012年に開始して以降、世界中で成長を続けており、2019年には約1150万人が直接的・間接的に再生可能エネルギーに関する雇用に就いています。とくに太陽光発電に関する雇用の伸び率が高く、これは日本においても同じ傾向にあります（図③）。

図③　各技術別の世界的な再生可能エネルギー雇用数

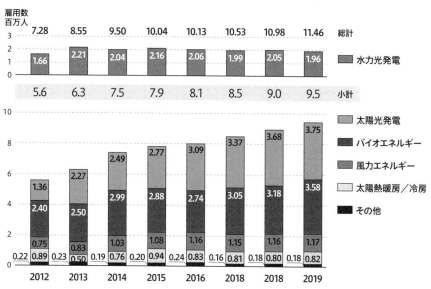

出典：IRENA雇用数データベースを元に作成

第一次産業（農業・漁業・林業）などとくに自然環境に依存する仕事を、変化する環境にどう適応するかも考える必要があります。すでに新しい動きも出ており、例えば新しい農業の例として、不耕起栽培や有機肥料・堆肥の活用などによるリジェネラティブ農業（環境再生型農業）では、土壌の有機物によるCO_2貯留や生物多様性の改善などの環境へのよい効果があるとされています。またソーラーシェアリングも近年注目を集めている取り組みで、作物を育てる農地の上に必要な太陽光は通すように太陽光パネルを設置する、農業とエネルギー生産を効率よく両立できるものです。このように、環境の変化に適応するだけでなくよい効果まで生み出すような、前向きな取り組みもさまざまな業界で出てきています。

　これらの環境科学や保全、再生可能エネルギーに直接関連する仕事のほかにも、まだ私たちの知らない、これから生まれてくる新しい仕事もあるでしょう。例えば脱炭素社会と過疎化・高齢化などの地域の課題解決を同時に実現できるような地域づくりコーディネーターは、オーストリアなどの国ですでに導入されていますが、今後日本でもニーズがあるでしょう。ほかにも持続可能な第一次産業、気候変動対策に取り組む人を増やすコミュニケーター、課題解決だけでなく人々の心の豊かさを育てるアーティスト、金融サービスとITを組み合わせた気候フィンテック（金融＝ファイナンスと技術＝テクノロジーを掛け合わせた造語）など可能性はたくさんあります。持続可能で暮らしやすい社会、「こんな世界に生きていきたい」というビジョンから、新しい働き方のヒントが生まれるかもしれません。

千葉県匝瑳市のソーラーシェアリング（筆者撮影）

4　個人ができる日常の選択

　本書を読み進めると、気候変動対策として重要なのは社会の構造的な転換（システムチェンジ）であることが見えてくるのではないでしょうか。しかしこれまでの気候変動対策は、日々の生活における個人の小さな選択の積み重ねに重点が置かれてきました。例えば、住宅、エネルギー、交通手段、食事、消費行動などの選択です（どこで、誰から、何を、買うか・買わないか）。

　個人の小さなアクションも大切な試みですが、それだけでは脱炭素社会の実現には不十分です。本来社会システムや企業を中心とした経済活動によって生み出されている問題が、一般消費者に責任を転嫁され、化石燃料に依存している構造的な問題の本質から目を反らせてしまうことにもなりかねません（例えば、私たちの多くが家庭でのプラスチックごみ削減に取り組んでいますが、メーカーや小売店がプラスチック包装を減らさないことには、問題は改善できません）。

個人にできるさまざまな行動がありますが、いずれも、がまんや不便を強いることではなく、構造的な転換につなげるための一歩につなげていく上で重要です。これらの行動の先に、どのような企業や社会の変革が起こるのかを念頭に行動していきましょう。

生活の中でできる行動の一例

・友人・同僚と気候変動について話題にする、自分の取り組みを紹介する

・パワーシフトする（使用する電力会社を化石燃料や原発ではなく再生可能エネルギーで発電する会社に切り替える）

・可能な範囲で自動車ではなく公共交通機関や自転車・徒歩を選ぶ

・エネルギー効率の高い機器や住宅を選ぶ、断熱材を入れる、太陽光パネルをつける、電気自動車を選ぶ

・ダイベストメントする（持続可能でない取り組みに資金提供する銀行や保険会社にはお金を預けない）

・新しいものを購入せず、リユース・交換やアップサイクル（不要となった製品に新たな価値を与えて再生する）の可能性を検討する

・何かを購入する際は、環境にやさしい企業の製品を選び、中古品や環境負荷が低く長く使えるものを選ぶ

・可能な範囲で肉食を減らし、植物由来の食品を中心に地産地消、季節のものを食べる

第**8**章 脱炭素社会に向けて動き出した人々

脱炭素社会に向けた変化の兆し

　脱炭素社会への転換を起こすといっても問題が大きすぎて、最初の一歩を踏み出すのが難しく思えるかもしれません。多くの人々が「簡単に行動には移せない」「自分から活動を始めるのは無理」などと立ち止まっていることが、変化を難しくしているのです。私たちにできることはいろいろあります。

　実際に脱炭素に向けた変化は、世界中、日本中で起こり始めています。私たちは、地球の市民として自分にできる一歩を見つけ、力を合わせてこの変化をより大きくすることが求められています。

　本章では、脱炭素社会に向けて歩み始めている人々にスポットを当てて紹介します。ここから、自分なりの脱炭素社会に至るための手がかりを見つけ出してみてください。一人ひとりが、傍観者であることをやめ、どこからでも、自分ができる取り組みを始め、変化の担い手になることはできます。リーダーとしてでも、フォロワーとしてでも構いません。リーダーは必要ですが、リーダーだけでは社会変革は起こりません。自分が賛同したり感銘を受けた行動をフォローし、ほかの人にも伝えることがより大きな力を生み出すでしょう。

1 若者が動き出す

たった一人で活動を始め、
世界のシステムチェンジを求め続ける

グレタ・トゥーンベリさんとFridays For Future
スウェーデンの気候活動家

　2003年生まれのスウェーデンの活動家グレタ・トゥーンベリさんは、2018年、15歳のときに議会に対し気候変動へのより迅速で強力な対策を求める行動を起こしました。たった一人で「気候のための学校ストライキ」を始め、毎週金曜日にこのストライキ、座り込み、看板やリーフレットを活用しながら気候危機を訴えたのです。この活動に賛同した若者たちが国内外で同様の活動を始め、「Fridays For Future（FFF）」が広まっていきました。

　翌年の2019年には、世界中の300以上の都市で140万人以上の若者たちがグローバル学校ストライキに参加しました。FFFは気候アクションの代表的な行動の1つになっています。

　グレタさんの要求はシンプルで、「科学の声を聴くこと」「個々の行動ではなく、社会システムを変革すること」です。彼女はその後も動力を使わないヨットで大西洋を横断したり、国連の「気候変動枠組条約締約国会議」は結果が伴わない言葉ばかりの空疎な取り組みと批判するなどしています。辛辣な言動がマスコミでも注目されがちですが、各国の気候変動への対策の欠如を批判し、遅滞する各国の対策に対する警鐘は、気候変動という一刻を争う危機に私たちが気づくメッセージになっています。

　グレタさんや若者たちは、自国の政治家に気候危機に対する緊急行動を要求し、「#FridaysForFuture」とハッシュタグ（#）を使って、世界中の若者たちに参加を呼びかけました。それ以来、何百万人もの若者が、世界150カ国

以上で何千ものアクションに参加しています。

　世界中の都市でFFFグループが立ち上がるにつれ、若者たちは抗議するだけでなく、講演イベント、SNSを通じたデジタルキャンペーン、メディアへの働きかけ、政治家との直接の関わりなど、科学者コミュニティから支援を受けながらも、若者主導の姿勢を崩さず、気候変動に対して緊急に行動を起こすよう、政策を決定する権力者に若者の声を届ける活動をしています。

　現在、FFFは世界中100カ国以上で活動しており、多くの国で地域別のFFFグループも数多く存在しています。

　日本では、2019年３月に行動がスタートして以来、全国20以上の地域で、学生をはじめとする若者たちがFFFグループを立ち上げています。FFF Japanは、グローバルイベントに連帯しながら、日本独自のキャンペーン、企業への抗議行動、講演イベント、ワークショップ、デジタルSNSキャンペーンを数多く企画しています。FFFは、より多くの若者が、気候変動に対する取り組みに参加するきっかけになっています。

グレタさんの行動に共鳴して日本で活動するFridays For Futureのメンバー
（グローバル気候マーチ、2019年）

人間社会を超え、すべての生き物の多様性を尊重する

さかい いさお
酒井功雄さん

気候アクティビスト／Fridays For Future Tokyoメンバー

　2001年東京生まれの酒井功雄さんは、高校2年生のとき、留学先のアメリカで気候変動の科学を学んだことがきっかけで、2019年からFridays For Future Tokyoに参加し、活動に初期から関わるメンバーの一人です。

　各地域のFridays For Futureをつなぐ全国ネットワーク「Fridays For Future Japan」を立ち上げ、日本政府に対してエネルギー政策の決定に若者や市民の声を取り入れることを求める署名キャンペーンの立案や、三菱商事などの日本企業の石炭火力発電輸出に対する反対アクションなどに関わり、2021年にはイギリス・グラスゴーで開催された国連気候変動枠組条約締約国会議（COP26）に参加しました。

気候変動フィクション小説をテーマに、希望をもてる未来を考えるワークショップを開催

パリ協定の立役者のクリスティアーナ・フィゲレスUNFCCC元事務局長（後列右から4人目）と酒井さん（その右）（COP26にて、Fridays For Future Japan）

　現在、アメリカ・インディアナ州のEarham Collegeで平和学を学ぶ酒井さんは、これまでの多様な活動の中で気候正義を求めてきました。気候変動と人種問題の関連性を植民地主義の歴史から見直すといったトピックや、「気候変動問題を引き起こした文化的な背景とは何なのか」という問いを通じて、分断されてしまった人間と自然環境を再接続し、生態系に則った社会システムのあり方を考えています。

　そのアプローチとして人間社会だけでなく微生物などすべての生き物の多様性を考えることや、気候変動フィクション小説をテーマにしたワークショップを通して希望をもてる未来について考えることなどを提案し、さまざまな視点から気候アクションを捉えなおす試みをしています。そのユニークな活動から、2021年には「Forbes JAPAN 世界を変える30歳未満」の日本人30人の一人に選出されました。

自分が住む街で
そこにいる人たちと連帯すること

今井絵里菜さん
いまい えり な

神戸の石炭火力発電を考える会

　今井絵里菜さんは、再生可能エネルギーの事業を行う企業に勤務する傍ら、気候変動訴訟の原告、自治体へのアクションなど、気候変動に関する取り組みを続けています。大学時代には、青年環境NGO「Climate Youth Japan」で若者の立場から政府への政策提言活動を行うほか、Fridays For Futureの支部立ち上げに参画し、気候変動対策の強化の必要性を訴えてきました。

　気候アクションを積極的に実践するきっかけになったのは、気候変動枠組条約締約国会議（COP）に参加した際に、会議場の外で出くわした抗議デモを目の当たりにしたことでした。抗議の声は、日本の政府や銀行が進めていた東南アジアへの石炭火力発電所の建設計画に向けられたものでした。日本

稼働中の神戸石炭火力発電所前にて

2021年3月15日に大阪地裁で開かれた神戸石炭訴訟の行政訴訟判決を受けて行われたアピール

が石炭火力に依存し続け、国際社会からの批判を浴びていたことに、衝撃を
受けたのです。帰国後、通っていた神戸の大学の近くで新設予定の石炭火力
発電所の計画に対し「声を上げている人々」がいることを知り、石炭火力の
建設を認めた国に対する訴訟の原告として加わりました。訴訟の難しいやり
とりや、裁判が進むなかでも発電所が建設されていく現状を少しでも多くの
人に伝えようと、日本初となる気候変動訴訟を伝えるドラマの制作を全面的
に指揮するなど、クリエイティブな方法で発信しています。

　たとえ小さな力であっても、市民一人ひとりの意見が集結されていけば大
きな力となるはず。一市民として声を上げる大切さを実感し、行政や企業に
対し、問題点を指摘し改善を求める意見と行動がとれるようになったことを
自信にして、これからも気候アクションを続けていくそうです。

若者に伝わる気候アクションを

小野りりあんさん

アクティビスト

　ファッションモデルとして活躍してきた小野りりあんさんは、気候変動に関する幅広い活動に関わっています。「350.org」、「グリーンピース」や「スパイラルクラブ」など、さまざまな環境・市民団体で活動し、再生可能エネルギーへの切り替えを推進するパワーシフトキャンペーンのアンバサダーも務めています。また気候マーチや国連気候変動枠組条約締約国会議（COP）にも参加しています。

　ほかにも、SNSを中心にネットでの発信やイベントの企画、CO_2排出量の多い飛行機を使わずに世界中を旅して活動家と交流したりと、ユニークな活動をたくさん行っています。とくにファッションモデルという立場を活かし、ファッション誌で気候変動について語ったり、モデル仲間と対談をしたりと、

2020年からモデル岡本多緒さんと持続可能な社会のためのポッドキャスト「Emerald Practices」を配信している

シベリア鉄道でCOP25に向かう小野さん

　小野さんならではの発信力を武器に、若い世代に気候変動に関する大切なメッセージを発信しています。

　小野さんは青森生まれ、北海道で美しい自然に囲まれて育ちました。活動を始めるようになったきっかけは、7、8歳の頃にセヴァン・スズキの「伝説のスピーチ」（1992年ブラジルの環境サミットで、当時12歳だったセヴァンさんが世界のリーダーに環境問題や貧困問題の解決を訴えた）を見たことです。気候変動だけでなく、森林伐採や貧困などの多くの社会問題に関心をもちました。これからも気候変動問題を軸に貧困やジェンダー不平等などさまざまな問題を解決できるよう、社会のシステムチェンジを目指して活動を続けていくそうです。

若い女性の政治参加の動きを作る

能條桃子さん
（のうじょうももこ）
NO YOUTH NO JAPAN代表理事／
FIFTYS PROJECT代表

　能條桃子さんは、気候変動とジェンダー平等に強く問題意識をもち、若者、女性の政治参加に取り組んでいます。

　きっかけは、大学時代に衆議院議員選挙の選挙事務所でインターンを経験し、若い人の投票率の低さや政治への無関心を目の当たりにしたこと。若者の政治参加、教育や社会制度を学びにデンマークに留学します。そして、2019年7月参議院選挙では、Instagramメディア「NO YOUTH NO JAPAN」を開設し、2週間で1.5万人のフォロワーを集めました。同年10月に帰国し、若い世代にわかりやすく、政治参加の意義を発信し続けています。若者世代を代表する一人として、ラジオやテレビなどの出演も多く、2022年には米誌『TIME』の「次世代の100人（TIME 100 Next）」にも選出されました。

衆議院選挙の際に選挙速報をみんなで見守るビューイングを実施

NO YOUTH NO JAPANのメンバーと下北沢に設置した投票案内所にて

　2022年9月には、政治分野のジェンダー不平等解消を目指し、20代・30代女性、ジェンダーマイノリティの立候補を支援するコミュニティ『FIFTYS PROJECT』を開始しました。750万円のクラウドファンディングを成功させ、次の世代にフェアで平等な生きやすい社会を作るために、政治分野のジェンダーギャップを解消しようと、女性の地方議員を増やす活動に取り組み、結果として、2023年4月の統一地方選挙では29名立候補し24名が当選しました。未来の社会を自分たちの手で作っていく、新たな取り組みが、若い女性の政治参加の背中を押し始めています。

2 さまざまな職業の人が動き出す

電力会社を立ち上げた僧侶

竹本 了悟さん
たけもとりょうご

TERA Energy株式会社取締役社長

　TERA Energy（テラエナジー）は電力小売事業による収益を、さまざまな領域の地域コミュニティに還元し、さまざまな地域の課題解決に貢献することを目指す電力会社です。取締役社長の竹本了悟さんは、奈良県 葛 城市・西 照 寺の住職を務めながら、電力会社の経営を行っています。
かつらぎ
さいしょうじ

　竹本さんがTERA Energyを始めるきっかけになったのが、同僚であり現在TERA Energyの共同経営者である本多真さんが企画した「仏教と環境問題」の勉強会に参加したことでした。そこでドイツの電力・エネルギー事業を通じて地域を豊かにする事業体シュタットベルケの話を聞いて、日本でも電力事業を通じてNPOや地域のお寺の活動を支えられないかと考えたそうです。

　竹本さんは「京都自死・自殺相談センター」の代表も務めるなど、命の問

2018年10月TERA Energy発足記者発表の様子。写真真ん中が竹本さん

題をはじめさまざまな社会課題に取り組むための資金を確保することが課題であると考えていました。そこでシュタットベルケのように電力事業で得た収益を、社会課題解決に取り組む団体やお寺の支援に充てることができるのではと考えたのです。

その後すぐにアイデアの実現に向かって動き始め、竹本さんは本多さんを含めた4人の僧侶とともに2018年にTERA Energyを起業しました。

TERA Energyは、お寺だけでなく家庭や事業所、公共施設などの1000カ所以上に電力を供給しています。それに対して支払われる電気料金のうち2.5％は、社会課題に取り組む団体やお寺に寄付されることになっています。電力契約者（消費者）は、電気代の支払いを通じて社会課題解決に貢献することができる仕組みになっているのです。

また、供給される電気についても、できるだけ再生可能エネルギーの割合の高い電力の供給を目指しています。今後は、自社での再エネ電源開発も進め再生可能エネルギー100％を目指すとともに、「心豊かに、安心な未来」の実現を目指していくそうです。

TERA Energyを起業した4人。左から霍野廣由さん、木本晃英さん、竹本了悟さん、本多真成さん

雪山での経験を活かし、行動する仲間の輪を広げる

大池拓磨さん
おおいけたくま

POW Japanアンバサダー

「ぼくのフィールドは雪山であり、自然そのもの。自然に身を置き、自然と調和することで生きてる実感が湧き満たされる。滑ることで学びや気づき、生きる意味や価値を見出し、人生を豊かにしてくれます。そのフィールドで気候変動による影響を肌で感じています。だからこそ雪を、冬を守りたい」

アウトドアコミュニティから気候変動の問題に取り組む一般社団法人Protect Our Winters Japan（POW Japan）のアンバサダーとして活動する大池拓磨さんは、プロスキーヤーがこのテーマに取り組む意義をそう語ります。

北海道・函館生まれ。幼少期からスキーを始めた大池さんが、自然の素晴らしさに気づいたのは、モーグルの競技を引退し、自然の雪山をフィールドとするバックカントリースキーを始めてからだといいます。

雪の降り方に異変を感じることが続いていたため、この状況に対して自分ができることを模索するために、POW Japanのアンバサダーを引き受けたことは自然な流れだったといいます。

一方、スキーをするために車やリフトを使い、夏も雪を求めて南米まで飛行機で移動するなど、プロスキーヤーとしての活動がCO_2排出につながり環境負荷を与えてしまう現実に、ジレンマを感じる日々もあり、大池さんはそのジレンマを行動することで解消していく道を選びます。

ニュージーランドへのスキー遠征にはソーラーパネルを持ち込み、撮影に必要な機材の電気を賄い、道中は肉食を離れ豆中心の食生活に変えました。また、現地の氷河研究者や環境活動家（兼プロスキーヤー）の話を聞いて回りました。この様子を一本の映像作品に収め、帰国後はスキーヤーや子どもたちに向けて、この経験を切り口に気候危機を伝える講演を各地で続けてい

ます。

　また、大池さんがスキー場のゲレンデサイドで営むロッジでは、電気を再生可能エネルギーに切り替え、ストーブは石油から薪に代え、廃材を使った改装や断熱施工をDIYで行うことで、宿の再エネ、省エネ化を進めています。主催するスキーの大会では、参加者の1滑走につき1本の苗木を植える仕組みを採用し、参加者、子どもたちにスキーを楽しみながらも気候危機を考える機会を提供しています。

　こういった活動を積み重ねていった末に、今は昔感じていたようなモヤモヤはもうないといいます。

　「自分の人生で大切にしている何かがハッキリしていれば、自然環境を守りたくなると思います。自然に触れて感じること、それぞれの生き方と得意を活かし楽しむこと。そして仲間と共に共有し声を上げ、行動すること。健全な地球環境が必要です。」

雪と戯れ、自然と調和することで大切なものが見えてくる。家の裏山にて

持続可能な未来を自ら創造する
自立的学習者を育てる教育を目指す

たかはし ち ひろ
髙橋千広さん

浜松開誠館中学校・高等学校　校長

　髙橋千広さんが校長を務める私立の中高一貫校、浜松開誠館（静岡県浜松市）は、2014年の創立90周年のときに理事長が公約した「未来戦略」（生徒一人ひとりが未来を見据え、目標をもち生き生きと楽しく主体的に学ぶことができる学校）を目指し改革を進めてきました。髙橋さんは、SDGsを通じた課題解決型の探求学習や、教科への関心を高めるために2022年度から定期テストの廃止などを進め、生徒たちが主体的に社会の課題を学び、解決に向けて積極的に活動する教育環境の整備に取り組んできました。

　2019年に400人以上の生徒たちが浜松市内で気候マーチを2回開催し、翌年はコロナ禍のなか全校生徒でオンライン気候マーチ、2021年は981人もの生徒が参加し校内で緊急応援気候マーチを行いました。2022年、3年ぶりに浜松駅や市役所周辺などで実施したマーチは1000人規模となり、浜松市

マーチ後、浜松市役所前にて生徒から市長に提言書を渡す

2022年11月の1000人規模のマーチ　（市長への提言と同日）

長に提言書を渡しました。これまでの生徒たちの提言は「若者会議」の設置にもつながりました。このような積極的な取り組みは高い評価を受けていて、環境大臣賞金賞や静岡県知事褒賞を授与されるほどです。

　学校全体でも気候変動対策に意欲的に取り組んでいます。2019年、学校施設での再生可能エネルギーの使用を求めた生徒たちの提言がきっかけで「再エネ100宣言 Re Action」に加盟しました。2021年に県内企業と協定を結び、翌年体育館屋上にオンサイトPPAモデルにより太陽光発電設備を設置、体育館の使用電力の約18%を再生可能エネルギーに切り替えています。災害時、地域避難所としての体育館の活用等、発電した電気を直接、建物に供給するオンサイトの強みを活かした災害レジリエンスの強化も図っています。

　2040年には使用電力の再生可能エネルギー比率100%を目標にしたロードマップに沿って、今後は全校舎での照明設備のLED化や空調設備の効率化などで省エネを図り、再生可能エネルギーの使用比率を高めていく予定です。

　髙橋校長は、こう語ります。「理事長はいつも背中を押してくれています。そして教員が、生徒一人ひとりを大切に育んでくれているからこそ学校が変わります。さらに、PTA会長をはじめとする保護者のみなさまの共感も大きな力となっています。これからもみんなで未来を見据え、世界を視野に入れた課題解決に取り組み、ウェルビーイングを目指します。」

気候変動に立ち向かう
臨床医グループを作った医師

<ruby>佐々木隆史<rt>さ さ き たかふみ</rt></ruby>さん

医療生協こうせい駅前診療所所長／みどりのドクターズの創設者

　佐々木隆史さんは、普段は滋賀県の一地方の診療所所長として、地域包括ケア（総合的な高齢者医療、在宅医療、病児保育を含めた小児医療、保育園園医や障がい者作業所連携医、そしてコロナ禍はコロナ診療）の仕事を行いつつ、健康問題を悪化させるさまざまな社会的障壁（貧困問題や交通の問題など健康の社会的決定要因）の改善を地域のさまざまな方々と取り組んでいます。

　佐々木さんが2021年に立ち上げたのが、みどりのドクターズ。気候変動に立ち向かう臨床医の集まりです。佐々木さんは、医師が気候変動問題に取り組む大きな理由は2つある、と言います。

　1つ目は、医療界自体が排出する温室効果ガスが、コロナ前の2013年でさえ日本全体の5％も占めていて5番目の産業となっていること。治療行為そのものによって温室効果ガスが排出され、将来の患者さんの健康を脅かす可能性があるのです。医療界自らが、患者さんの現存する健康問題を悪化させない程度に、自律的に温室効果ガス排出を減らす必要があります。

　2つ目は、医師は、多くの患者さん・その家族と話をしますが、医師の発言は信頼されるので、医師の口から、脱炭素の行動をとることが自身の健康のためにもよいことをその人の状況に合わせてお話しすることで、行動変容を起こしやすくなります。

　佐々木さんは、運動を行う、食生活を正す、薬を適正に使うといったことは、温室効果ガス排出も減らし、患者さんの病気の予防、上手な疾患管理につながり、医療費も安くなり、「三方よし」と言います。

　佐々木さんは、2021年にイギリスにオンライン留学をし、知識人との人脈を築き、自身が所属するプライマリ・ケア連合学会（家庭医・総合診療医）

のメーリングリストを利用して、興味がある方に仲間入りを呼びかけ、その学会の学術集会を含む数回のセミナーで、気候変動と医療のワークショップを開催したそうです。そこには毎回10〜50人ほどが参加し、そこからまた一緒に活動する仲間が増えたそうです。さらに、活動を横に広げるためにFacebookやWebページを作成し、情報を外部に広げ、医療以外のさまざまな立場で気候変動対策に取り組んでいる人々や、他の医療学会や医師会などの団体、未来を担う医学生さんなどと話をしたり、勉強会を開いたりと精力的に取り組んでいます。

　今後やりたいことは、医療界の一団体として、気候変動対策の根幹である政策面や生活面のシステムチェンジを後押しすること。また、日常的には、普段から健康について多くの人と接する医療従事者として、気候変動について患者さんに伝え、医療従事者を啓発すること。

　佐々木さんは、「『知らない』から『知っている』『行動を変える』といった変化の機会を多くの医療者に提供したい」と、お医者さんならではのアプローチで気候変動に挑んでいます。

2023プライマリ・ケア連合学会学術集会にて。前列右から3人目が佐々木さん

福島の再生を目指し、
農業とエネルギーの地産地消に取り組む

こんどう　けい
近藤　恵さん

二本松営農ソーラー株式会社／株式会社Sunshine（農業法人）代表

　近藤さんは現在、営農型発電事業（ソーラーシェアリング）を行う二本松営農ソーラー株式会社と農業法人株式会社Sunshineの代表として、福島県二本松市でソーラーシェアリングの取り組みを進めています。ソーラーシェアリングとは、農地の上に背の高い架台を使って太陽光発電をする仕組みです。光の当たり方を計算してパネルを設置することで、1つの土地で発電と農業の両方をすることができます。日当たりのよい平坦な土地が限られる日本では効率的な土地利用ができ、自然エネルギーによる地域のエネルギーや食料の自給率を高める持続可能な取り組みとして注目されています。

生育最盛期の有機大豆（2022年7月　株式会社Sunshine）
適度な日陰が高温障害を防いだためか、周辺農家より収穫量が多かった。
裏付けの農学研究の進展も望まれる

ブドウ棚と農業法人メンバー。左端が近藤さん

　近藤さんは、二本松で2006年から化学的に合成された肥料・農薬や遺伝子組み換え技術を使用しない、できるだけ自然環境への負荷を低減した有機農業をしていました。しかし2011年3月に東日本大震災が発生し、福島第一原発事故に被災したことで、農業を廃業しました。放射性物質の汚染や風評被害などで福島の農業は大きな打撃を受け、多くの農家さんが廃業することになりました。

　その後、県内で太陽光発電建設事業に携わった近藤さんは、農業と発電両方の経験を得ます。近藤さんは耕作放棄地の権利を取得し、2021年にソーラーシェアリングを行う営農法人を立ち上げ兼業農業に復帰しました。同様に設立した農業法人では、ブドウやエゴマなどを育て、地元での雇用を創出しています。発電の方も、2021年9月に電力販売を開始しました。その規模は国内最大級で、東京ドーム約1.2倍の面積の土地で太陽光発電を行い、二本松市約1万9000世帯の10%の電力を供給可能な設備容量となっています。地域で有機農業に取り組む他の農家さんたちと連携し、二本松では有機農業と発電に取り組むソーラーシェアリングが広がっています。

3 情報と行動の機会を提供するNGO

　日本各地に存在するNGOやNPOは、政府や営利企業とは異なる市民社会の立場から気候変動対策に取り組む組織です。第7章で紹介したように、市民として気候変動対策に取り組む上で、これらの団体と関わることはよいスタートになるでしょう。ここでは主に市民中心の活動に取り組む団体を複数ご紹介しますが、ほかにも多様なミッションに取り組む団体が多数ありますので、ぜひ調べてみましょう。

クライメート・リアリティ・プロジェクト

https://climaterealityjapan.org/

　クライメート・リアリティ・プロジェクトは、気候変動対策に取り組む人々の世界的なネットワークです。詳細は巻末の団体紹介をご覧ください。

Climate Action Network

https://www.can-japan.org/

　Climate Action Network（CAN）は、気候変動問題に取り組む、130カ国以上・1800以上のNGOからなる国際ネットワーク組織です。気候変動に関する情報や対策強化のための戦略を共有し、各国政府やメディアへの働きかけを行うほか、専門的な調査・分析によって国際制度について提言を行い、国際交渉を後押ししてきました。CANは25年間にわたり、気候変動問題の解決を求める世界の市民社会の声を伝え続けています。CANの日本拠点であるCAN-Japanには、2023年7月現在、18団体が加盟しています。これらの加盟団体から、あなたの関心のある団体を見つけるのもよいでしょう。

https://www.kikonet.org/

　気候ネットワークは、地球温暖化防止のために市民の立場から「提案×発信×行動」する団体です。一人ひとりの行動だけでなく、産業・経済、エネルギー、暮らし、地域等を含めて社会全体を持続可能に「変える」ために、地球温暖化防止に関わる国際交渉への参加、専門的な政策提言、情報発信とあわせて地域単位での地球温暖化対策モデルづくり、人材の養成・教育などに取り組んでいます。また、地球温暖化防止のために活動する全国の市民・環境NGO・NPOのネットワークとして、多くの組織・セクターと交流・連携しながら活動を続けています。

WWF

https://www.wwf.or.jp/

　WWFは約100カ国で活動している環境保全団体です。WWFジャパンは、1971年、世界で16番目のWWFとして東京で設立されました。WWFジャパンは、自然の中に人間が存在するという自然観を取り入れ、日本国内および日本が関係している国際的な問題に取り組みます。生物多様性の保全と再生可能・持続可能な自然資源の利用を推進し、気候変動や環境汚染の問題についても、市民が参加しやすいものから企業や自治体向けのものまで、多くのキャンペーンを実施しています。

FoE（Friends of the Earth）

https://foejapan.org/

　FoE Japan は、地球規模での環境問題に取り組む国際環境NGOです。世界74カ国に200万人のサポーターを有する Friends of the Earth International のメンバー団体として、日本では1980年から活動を続けてきました。気候変動、バイオマス、化石燃料、森林、原発などのさまざまな環境問題について取り組み、とくに開発と人権の観点から力強いメッセージを発信しています。「気候変動アクションマップ」や「気候変動かるた」など、誰でも手に取りやすい資料なども提供しています。

グリーンピース

https://www.greenpeace.org/japan/

　グリーンピースは、環境保護と平和を願う市民の立場で活動する国際環境NGOです。政府や企業から資金援助を受けずに独立したキャンペーン活動を展開しています。世界280万人の個人サポーターに支えられ、40以上の国と地域で活動し、国内だけでは解決が難しい地球規模で起こる環境問題に、グローバルで連携して解決に挑戦しています。気候変動、プラスチック汚染、原発など、さまざまなキャンペーンを展開しています。

ゼロエミッションを実現する会

https://zeroemi.org/

　「ゼロエミッションを実現する会」は、「2050年までにゼロエミッション（CO_2排出実質ゼロ）」という日本の目標を、自分の住む自治体から達成しようという市民のアクションです。2019年に東京都が公表した「ゼロエミッション東京宣言」を自分の住むまちから実現させようと少人数の都民が始めた活動に、他の地域からも参加したい人が続出。全国の市区町村で、専門家、

NGO、行政、事業者と連携して、自分が住む、通う、地域のゼロエミッションを目指して活動しています。

（事務局：グリーンピースジャパン）

350.org

https://world.350.org/ja/

350.orgは、世界規模で気候危機問題に取り組むムーブメント（人々の運動）の構築を目指しています。全世界188カ国以上に広がるネットワークと連携しながら、オンラインキャンペーンや草の根運動など多くの市民を巻きこんだアクションを展開しています。とくに、民間や公的金融機関に向けて化石燃料関連プロジェクトや企業からの投資撤退（ダイベストメント）の促進を中心にキャンペーンを世界中で展開しています。

コミュニティ・オーガナイジング・ジャパン

https://communityorganizing.jp/

コミュニティ・オーガナイジング・ジャパンは、仲間を増やしてコミュニティを作り、力を生み出し、その力を戦略的に使って社会を変えていく手法であるコミュニティ・オーガナイジングを通して、多くの市民のリーダーシップを育み、人と人との強いつながりを生み出し、人々が主体的によりよい社会を目指しています。気候危機に取り組む市民のリーダーシップを育成する「気候危機オーガナイザープログラム（Climate Crisis Organizer Program）」を開始し、トレーニングプログラムを構築、提供しています。

4 新しい社会を作っていく行動

　本章では、さまざまな世代・立場・職業・地域から担い手が生まれ、脱炭素社会への転換が始まっていることを紹介してきました。この変化を止めることなく大きくしていくためには、一人ひとりが傍観者であることをやめ、変化の担い手となっていくことこそが必要です。自分一人の力では何も変わらないと思うかもしれませんが、そんなことはありません。ハーバード大学の研究によると、社会のうちの3.5％の人が何らかの社会的運動に参加することで、社会変革が起こるとされています。つまり、脱炭素社会への転換を求めて行動を起こす人たちが3.5％以上になれば、社会を変えることができるのです。もしかしたらみなさんが行動を起こしたことが、社会を変える引き金になるかもしれません。

　ところで、徳島の阿波踊りを知っていますか？　阿波踊りのお囃子の中に「踊る阿呆に見る阿呆、同じ阿呆なら踊らにゃ損々」という歌があります。脱炭素への転換はこれからも進んでいきます。私たちの暮らしにも、街にも、仕事にもその変化は押し寄せてきます。その変化をただそばで見ているだけよりも、世界中の人たちと一緒になってその変化を後押しし、新しい社会を作っていくことの方がきっと楽しいと思いませんか？

　さあ、新しい社会に向けて、その一歩を踏み出しましょう。

Q 脱炭素社会をめざすために
あなたはどんなアクションを起こしますか?

参考文献

〈第1章〉

国際連合開発計画（2015）「Sustainable Development Goals」（最終閲覧2023/7/26）

国際連合人権高等弁務官事務所（1948）「世界人権宣言」（最終閲覧2023/7/26）

国際連合総会（1966）「経済的、社会的及び文化的権利に関する国際規約」（最終閲覧 2023/7/26）

〈第2章〉

気候変動に関する政府間パネル（IPCC）（2021-2023）「第6次評価報告書」

全国地球温暖化防止活動推進センター（JCCCA）（2023）、使える素材集「3-02 世界の二酸化炭素排出量に占める主要国の排出割合と各国の一人当たりの排出量の比較（2020年）」（最終閲覧2023/9/1）

〈第3章〉

伊香賀俊治・江口里佳・村上周三・岩前篤・星旦二・水石仁・川久保俊・奥村公美（2011）「健康維持がもたらす間接的便益（NEB）を考慮した住宅断熱の投資評価」『日本建築学会環境系論文集』76：735-740

環境省（2020）「令和元年度再生可能エネルギーに関するゾーニング基礎情報等の整備・公開等に関する委託業務報告書」（最終閲覧2023/7/20）

気候変動適応情報プラットフォーム（最終閲覧2023/7/20）

木原浩貴・羽原康成・金悠希・松原斎樹（2020）「気候変動対策の捉え方と脱炭素社会への態度の関係」『人間と環境』46（1）：2-17

経済産業省発電コスト検証ワーキンググループ（2021年8月3日）「発電コスト検証に関する取りまとめ（案）」

自然エネルギー財団（2021）「［統計を読む］太陽光発電、日本市場は安定するもコスト低下が進む」（最終閲覧2023/7/20）

堀進悟、他（2015）「厚生労働科学研究費補助金循環器疾患・糖尿病等生活習慣病対策総合研究事業 入浴関連事故の実態把握及び予防対策に関する研究 平成24〜25年度総括研究報告書」

資源エネルギー庁 2022「エネルギー白書2022」

IEA（2019）World Energy Outlook 2019（最終閲覧2023/10/4）

IEA（2021）Net Zero by 2050: A Roadmap for the Global Energy Sector（最終閲覧2023/7/20）

ILO（2021）Renewable Energy and Jobs – Annual Review 2021（最終閲覧2023/7/20）

REUTERS（2015）Unmitigated climate change to shrink global economy by 23 percent（最終閲覧2023/7/20）

〈第4章〉

国立環境研究所（2023）「日本の温室効果ガス排出データ（1990-2021年度）」（最終閲覧2023/9/1）

自然エネルギー財団（2023）：統計「発電量内訳」（最終閲覧 2023/9/1）

気候ネットワーク（2022）「排出量公表制度2018年データ分析」（最終閲覧2023/9/1）

〈第5章〉

気候ネットワーク（2021）「水素・アンモニア発電の課題：化石燃料採掘を拡大させ、石炭・LNG火力を温存させる選択肢」（最終閲覧2023/7/20）

経済産業省「第6次エネルギー基本計画」（最終閲覧2023/7/20）

経済産業省（2023）「原子力政策の状況について」（最終閲覧2023/7/20）

経済産業省（2023）「GX実現に向けた基本方針」（最終閲覧2023/7/20）

安田陽（2018）「コラム連載 送電線空容量および利用率全国調査速報（その1）」『京都大学再生可能エネルギー経済学講座』（最終閲覧2023/7/20）

〈第6章〉

カーボンニュートラル達成に貢献する大学等コアリション（最終閲覧2023/7/20）

環境省（2023）「地方公共団体における2050年二酸化炭素排出実質ゼロ表明の状況」（最終閲覧2023/7/20）

再エネ100％宣言 RE Action（最終閲覧2023/7/20）

自然エネルギー大学リーグ（最終閲覧2023/7/20）

ボストン コンサルティンググループ（2021）「サプライチェーンの脱炭素化が気候変動との戦い方を変える」（最終閲覧2023/7/20）

龍大ソーラーパーク（最終閲覧2023/7/20）

Global Sustainable Investment Alliance 2021. Global Sustainable Investment Review 2020.（最終閲覧2023/7/20）

RE100（最終閲覧2023/7/20）

World Economic Forum（2022）Global Risks Report 2022（最終閲覧2023/7/20）

〈第7章〉

総務省（2021）「国政選挙における年代別投票率について」（最終閲覧2023/7/21）

アメリカ合衆国労働省（The U.S. Department of labor）中、アメリカ合衆国労働省労働統計局（The U.S. Bureau of Labor Statistics）（最終閲覧2023/7/21）

国際再生可能エネルギー機関（IRENA）（2021）「Renewable Energy and Jobs - Annual Review 2021」（最終閲覧2023/7/21）

国際労働機関（ILO）（2022）「What is a green job?」（最終閲覧2023/7/21）

パワーシフトキャンペーン運営委員会（最終閲覧2023/7/21）

気候ネットワーク（2022）「気候アクションガイド」（最終閲覧2023/9/7）

350.org Japan「レッツダイベスト」（最終閲覧2023/7/21）

Venture Taranaki（2019）「Taranaki 2050 Roadmap: Our Just Transition to a Low Emissions Economy」（最終閲覧2023/7/26）

気候ネットワーク（2021）「公正な移行 ― 脱炭素社会へ、新しい仕事と雇用をつくりだす ―」
　（最終閲覧2023/7/20）

〈第8章〉

Fridays For Future Japan「Fridays For Future Japanとは？」（最終閲覧2023/7/26）

クライメート・リアリティ・プロジェクト・ジャパン

（CRPジャパン／The Climate Reality Project Japan）

　クライメート・リアリティ・プロジェクトは、気候変動対策に取り組む人々の世界的なネットワークです。気候変動の影響や解決策についてのトレーニングを提供しています。トレーニングを受けたボランティアが、ビジネス・政府や自治体・教育・ユース等のさまざまなセクターや立場から、正しい知識を広め、気候アクションを実行しています。2023年現在、世界190カ国・地域に4万6568人、そのうち日本にも800人以上のボランティアがいます。気候変動に関する6つのテーマ別のAction Groupsなどを通じて、日本ならではのアプローチに取り組んでいます。

　多くの資料やイベント等を無料で公開していますので、ウェブサイトをご覧ください。（https://climaterealityjapan.org）

◆ 執筆者プロフィール

平田仁子（ひらた　きみこ）
一般社団法人 Climate Integrate 代表理事

　1998年から2021年までNPO法人気候ネットワークで国際交渉や気候変動・エネルギー政策に関する研究・分析・提言及び情報発信などを行う。石炭火力発電所の建設計画の多くの計画を中止に導いたことや、金融機関に対する株主提案などが評価され、2021年ゴールドマン環境賞を受賞（日本人3人目、女性初）。2022年には英BBCが選ぶ「100人の女性」に選出。2022年、気候政策シンクタンクClimate Integrateを設立。Climate Integrateでは、調査分析や情報発信を行い、科学と政治と社会をつなぐ統合的アプローチを通じて、各ステークホルダーの脱炭素への動きを支援している。主な著書に『気候変動と政治 気候政策統合の到達点と課題』（成文堂、2021年）、『原発も温暖化もない未来を創る』（コモンズ、2012年）。千葉商科大学客員准教授。聖心女子大学卒業、早稲田大学社会科学研究科博士課程修了（社会科学博士）。

豊田陽介（とよた　ようすけ）
特定非営利活動法人 気候ネットワーク 上席研究員

　1977年広島生まれ。立命館大学大学院社会学研究科博士課程前期課程修了。社会学修士。2004年から現職。現場での実践と研究をとおして地域を主体にした再生可能エネルギー導入・普及のためのコンサルティングや地域新電力の設立支援に取り組む。このほか、京都市全小学校での脱炭素教育のコーディネーターなども務める。龍谷大学非常勤講師、たんたんエナジー株式会社取締役、TERA Energy株式会社取締役を兼任。著書に、『エネルギー・ガバナンス』（学芸出版社、2018年）、『エネルギー自立と持続可能な地域づくり』（昭和堂、2021年）、『エネルギーの世界を変える。22人の仕事』（学芸出版社、2015年）、『市民・地域共同発電所のつくり方』（かもがわ出版、2014年）など。

ギャッチ・エバン
特定非営利活動法人 気候ネットワーク プログラム・コーディネーター

　ミシガン大学アナーバー校にて環境学（環境正義）を学んだ後、フィリピン現場調査を通した京都議定書のクリーン開発メカニズムの社会への影響に関する研究を行い、名古屋大学大学院環境学研究科修士課程修了。その後、NPO法人日本紛争予防センターで自然資源に基づく紛争に関する活動・研究助手、名古屋大学物質科学国際研究センターにてサステナビリティ研究に関わり、2020年に気候正義の台頭におけるNGOの役割に関する研究で名古屋大学大学院環境学研究科博士課程修了。同年から、NPO法人気候ネットワークで国際連携を担当し、化石燃料から再生可能エネルギーへの公正な移行に関する活動を行っている。

三谷優衣子（みたに　ゆいこ）
クライメート・リアリティ・プロジェクト・ジャパン（CRPジャパン／The Climate Reality Project Japan）プログラム・マネージャー

　英国ノッティンガム・トレント大学で環境・人権問題に対する企業の責任について研究後、一般企業や人権活動団体、フリーランス勤務を経験し、2021年秋からクライメート・リアリティ・プロジェクト日本支部立ち上げに参加。以降、日本におけるボランティアコミュニティ運営、イベントやトレーニングの企画・開催などを担う。並行して、海洋環境保全に取り組む非営利団体も設立・運営中。気候変動や環境問題だけでなく、労働者の人権やジェンダー問題などに広い問題意識をもつ。

装幀　谷元将泰
組版　本庄由香里（GALLAP）

この本は再生可能資源である植物油を含む
印刷インキを使って印刷されました。

気候変動を学ぼう　変化の担い手になるために

2023年11月20日　第1刷発行
2024年 3月 5日　第2刷発行

編　　　者　クライメート・リアリティ・プロジェクト・ジャパン
著　　　者　平田仁子、豊田陽介、ギャッチ・エバン、三谷優衣子
発　行　者　坂上美樹
発　行　所　合同出版株式会社
　　　　　　東京都小金井市関野町 1-6-10
　　　　　　郵便番号　184-0001
　　　　　　電話　042（401）2930
　　　　　　振替　00180-9-65422
　　　　　　URL　https://www.godo-shuppan.co.jp/
印刷・製本　株式会社シナノ

ISBN978-4-7726-1541-9　NDC 360　148 × 210
© CRP ジャパン、2023 年